城市再生视角下
工业遗产保护性开发与改造研究

郝晓露　著

江苏凤凰美术出版社
全国百佳图书出版单位

图书在版编目(CIP)数据

城市再生视角下工业遗产保护性开发与改造研究 / 郝晓露著. -- 南京:江苏凤凰美术出版社,2021.9
ISBN 978-7-5580-9113-1

Ⅰ. ①城… Ⅱ. ①郝… Ⅲ. ①工业建筑—文化遗产—保护—研究—中国②工业建筑—文化遗产—旧房改造—研究—中国 Ⅳ. ①TU27

中国版本图书馆CIP数据核字(2021)第184299号

责任编辑 王左佐
助理编辑 唐 凡
责任校对 许逸灵
封面设计 武汉良友红坊 ADC艺术设计中心
UAO瑞拓设计 李涛
责任监印 于 磊

书 名 城市再生视角下工业遗产保护性开发与改造研究
著 者 郝晓露
出版发行 江苏凤凰美术出版社(南京市湖南路1号 邮编: 210009)
印 刷 南京迅驰彩色印刷有限公司
开 本 787 mm×1092mm 1/16
印 张 9.5
字 数 212千字
版 次 2021年9月第1版 2021年9月第1次印刷
标准书号 ISBN 978-7-5580-9113-1
定 价 68.00元

营销部电话 025-68155675 营销部地址 南京市湖南路1号
江苏凤凰美术出版社图书凡印装错误可向承印厂调换

前　言

20世纪50年代兴起于英国的工业考古学开启了学界对工业遗产的关注。经过半个多世纪的发展，国内外对工业建筑遗产的研究已经日臻完善，涉及工业建筑遗产的普查、保护、修复、管理、再利用等诸多方面。工业建筑遗产在当下后工业时代获得广泛关注的主要原因在于其所具有的两方面属性：一方面，工业建筑遗产作为城市中的闲置空间，仍具有重要的应用价值；另一方面，工业建筑遗产作为世界文化遗产的重要组成部分，还具有独特的文化价值和不可替代的审美价值。

我国当前正处于经济转型期，经济的发展不能再以消耗大量资源和破坏生存环境为代价，必须寻找可持续发展的新的绿色经济增长点，而文化产业正是符合这个要求的产业之一。中国过去三十多年经济的"飞速发展"是建立在消耗大量矿产资源和源源不断的劳动力资源基础之上，如今，我们不仅面对着人口红利的逐渐消失，更面对着日益恶化的水源污染、土壤污染、城市雾霾等远远超出我们预期的种种环境污染，我国经济发展模式的转型刻不容缓。文化产业对环境破坏程度极小，资源需求几乎可以忽略不计，而且随着国民收入的提升和随之而来的对生活品质追求的提高，文化产业的市场需求将会越来越旺盛。

城市再生与工业遗产保护往往在经济利益上发生冲突而形成矛盾。20世纪90年代以来，随着我国城市化进程的加快，城市建设与工业遗产保护的矛盾日益突出，如何解决这一矛盾成为政府管理部门与学界共同关注的一个新课题。本书为武汉东湖学院2019年度人文社科类青年基金项目《城市再生视角下的工业遗址改造与再利用研究》（项目编号：2019dhsk001）的最终成果，书稿得以完成离不开武汉东湖学院及相关专家学者的大力支持，另外由衷感谢UAO武汉瑞拓建筑设计咨询有限公司、武汉大学城市设计学院实践导师、国家一级注册建筑设计师李涛老师对本书的指导和帮助！全书部分案例由作者亲自到现场拍摄并做了大量相关调研工作，过程的艰辛有目共睹，今日终于迎来本书的出版。

由于作者学术水平有限，书中不足在所难免，恳请读者予以批评指正为感！

目　录

第一章 概 述

第一节 城市再生的概念与演进

西方国家的城市再生是随着城市化的深化，针对不同历史时期的城市问题，制定相应的城市政策，并加以系统实施和管理的过程。城市再生相关概念的演进绝不是词语的简单替换，每一个概念背后都包含着丰富的内涵和时代的特征，具有连续性和继承性。

20世纪50年代以来，随着城市再生理论的发展，相关概念也发生了五次明显的变化。20世纪50年代的概念是城市重建（Urban Reconstruction），60年代的概念是城市振兴（Urban Revitalization），70年代的概念是城市更新（Urban Renewal）（如图1-1所示），

图1-1 始于1970年代末伦敦码头区城市更新[1]

图1-2 德国汉堡港口新城–城市再生优秀案例[2]

图片来源：http://blog.sina.com.cn

[1] 1981—1983年，戴维·戈斯林（David Gosling）[与戈登·卡伦（Gordon Cullen）以及爱德华·霍兰比（Edward Hollamby）合作]开始为码头区的狗岛作“总体城市设计研究”，提出了4种不同的概念：前两种以工业社会的科学技术为基础；第三种概念试图恢复从格林尼治到莱姆屋区的历史视觉轴线；而第四种概念着力于私有化码头和河流旁的滨水区域。

[2] 汉堡港口新城是欧洲规模最大的城市更新项目之一。开发过程中，地方政府通过规划和土地开发程序来保障城市开发的结果符合最初愿景。

80年代的概念是城市再开发（Urban Redevelopment），90年代的概念是城市再生（Urban Regeneration）（如图1-2所示）。罗伯特·皮特（Roberts Peter）在《城市再生手册》（*Urban Regeneration: A Handbook*）中，对“城市再生”给出了一个综合定义，认为是指“一项旨在解决城市问题的综合的整体的城市开发计划与行动，以寻求某一亟须改变地区的经济、物质、社会和环境条件的持续改善”。

城市再生概念的形成是一个发展的过程，建立在过去半个世纪城市的发展变化和政策调整的基础上。20世纪60年代至70年代，欧美国家主要以大规模推倒重建与清理贫民窟为手段的城市再生运动遭到了多方面的批评。20世纪80年代之后，美国的大规模城市再生已经停止，总体上进入了谨慎的、渐进的，以社区再生为主要形式的小规模再开发阶段。随着历史演进和社会发展，城市再生的含义不再是简单地“除旧布新”，而更应强调城市整体发展，正如2002年英国伯明翰城市峰会的主题口号所示，城市再生就是“城市复兴、再生和持续发展”，从广义上理解，城市再生是一个多目标的行动体系，主要包括环境再生、经济再生和社会再生三个方面。

第一，城市环境再生是城市再生的基本表象，从世界各国的城市再生发展来看，城市物质环境实体都是城市再生的基本。在物质实体再生过程中，根据物质实体的划分进行城市土地结构重整、城市空间结构重整、城市基础设施再生。只有通过城市环境质量再生以及城市历史环境的保护与再生等多方面的再生，从而提高城市整体物质生态环境品质，同时推动城市经济与社会文化的发展。城市的物质实体再生涵盖宏观与微观两个层面，宏观再生是从城市总体战略出发，进行城市土地结构再生、城市产业结构调整、城市空间结构再生、城市环境质量再生；微观再生是就局部地块或具体建筑物而言，再生的结果常是改变微观区域建筑空间景观、建筑物质量、建筑物使用功能等。

第二，城市经济再生是推动城市发展的根本动力，主要包括三个方面：经济运作模式、时代技术水平与城市管理模式。城市物质实体再生的最初诱因、动机与最终目的都是为了城市经济发展作贡献。从各国现代城市再生的发展历程看，城市经济和产业结构占据主导地位。

转型对城市再生具有特别重要的意义。因为产业结构再生、产业管理模式升级、产业布局调整能够重组城市交通系统，协调城市土地布局，完善城市空间结构。

第三，城市社会再生是城市再生的终极目标。社会文化是城市发展的上层建筑，是城市群体意识及其作用下的社会反映，对城市机器运转起主导作用。城市社会文化心态下的城市运作模式在根本上影响着城市的整体风貌形象与城市素质。社会再生表现为人类对于能源、资源、环境意识的提高，人文思想的复兴以及历史保护意识的上升。反映在城市环境再生中则是由大规模的拆旧建新向保护性再利用方向进化，从根本上改善人类城市生活的品质并保存延续城市的文脉，保障城市文明的可持续发展。

第二节　城市更新与城市再生的比较

城市更新这词虽然是一个来自英国的概念，但它的始作俑者却是美国。美国波士顿和巴尔的摩都算是城市更新的经典案例。

这两个城市早在20世纪50年代就开始衰落，这比英国的城市衰落还要早20年。它们都在60年代开始建设会议中心和大型商务中心，大力发展会展经济和总部经济等高端服务业，通过开发休闲、娱乐、餐饮等服务业来振兴衰落的内城经济，从而带动老城区的经济繁荣。

对于欧美国家来说，城市更新和城市再生都是关于内城复兴政策的概念，两者之间有着前后演替关系，并不是对同一问题的不同称谓，城市再生反映了西方发达国家内城政策的最新发展动向。就概念而言，两者之间的区别在于城市更新的方法重在“更替”（displace），城市再生的方法重在“提升”（upgrade）。所谓“更新”，即以新的代替旧的，老城区更新或历史建筑更新就是为了满足生活需要，而对城市环境和建筑空间进行调整与变化。一般而言，有不同程度的两种更新：第一种是比较完整地剔除现有建筑或环境中的某些老旧部分，代之以新的内容，可以称为改造或再开发；第二种是保持现有城市格局和建筑形式空间，只对小局部或细节进行维护性的更新，可以称为保护性再利用。

而“再生”（regeneration）一词来源于生物学，是指组织丧失或受损之后的重新生长，或指系统恢复到其最初的状态。再生没有以新代旧的含义，而是旧有肌体的恢复和重新生长。城市再生是指为解决旧城问题和寻求旧城经济、物质、社会和环境条件的持续改善而制定的综合整体的构想及举措。城市更新与拆迁可以说是一种等同关系，如果没有大规模拆迁，就不可能“以新替旧”，就不会有更新发生。但再生强调的是原有肌体的重新生长与恢复，衡量再生的一个重要标准就在于它在多大程度上保留和利用了城市原有的社会网络、经济功能和物质结构。

就两者的目标内容而言，城市更新主要解决的是城市物质环境的老化、改造、保护、维护的问题，而城市再生则更多是解决城市社区的贫困、隔离、融合和发展问题，是关于“人”的问题，“物”不再是主要目标。城市再生包含了城市物质空间的再生、城市经济功能的再生和城市社会机能的再生。就物质空间而言，城市再生强调对现有环境的维护、修复和发展，以适应社会和经济发展的需求；就经济功能而言，城市再生强调对城市不再适应经济发展需要的产业进行转型升级，让城市重新充满生机活力；就社会机能而言，城市再生强调通过社会各阶层的广泛参与，提升社区原住民适应社会变化的能力，创造包容性的多元化和谐社会环境。就两者的理论基础而言，城市更新是建立在建筑环境决定论基础上，强调对建筑环境的改造，而缺少对城市社会结构形态演变机制的关注，导致了城市更新只能停留在以建筑环境为中心的城市形态设计领域。而城市再生则围绕着城市环境和人的关系问题，以及城市的社区发展问题。城市再生继承了城市更新建筑空间规划的传统，强调建筑空间与城市文化互为关系，以建筑、空间为切入点解决城市的社会问题和城市文化提升问题，反过来又以城市文化为切入点解决城市空间改造问题。

第三节　城市再生背景下的工业遗产保护

任何观念的发展都需要经历一个认知逐步深化的过程。随着世界经济一体化和进入后工业时代，由于城市内部传统制造业比重下降，新兴产业开始逐步取代传统产业，早期建设的工业区逐步走向衰落，伴随着城市规模的不断扩大，原先位于城市边缘地区的各类工业用地逐渐被城市所包围。出于城市空间结构调整的需要，在城市更新过程中，这些旧城区中原有的大量的旧厂房、仓库等必然成为更新改造的主要对象，大量的工业化时期城市的象征正在从人们的视野中逐渐消失。伴随着城市再生，人们发现一味地拆除老厂房而不对其加以保护利用无疑是对城市历史发展的割裂。

近半个世纪以来，在城市再生过程中，对工业遗产的保护越来越受到普遍的重视。事实上，这些被认为废弃了的旧厂房和旧工厂有着极其珍贵的历史研究价值，作为物质载体，工业遗产见证了人类社会工业文明发展的历史进程，是人类文明发展史上的重要一页。伴随着人们历史保护意识的加强，人文思想和环境意识也在不断加强，对历史保护的范围也在不断扩大。同时，伴随着城市空间和产业结构的调整，大量工业遗产所在地区都面临着再开发，这些因素都在不同程度上对工业遗产的保护和开发产生了重要影响。由于城市化阶段不同，西方发达国家最先进入后工业化社会，同时也最早面临大规模城市再生问题。

1960年，西方发达国家最早出现了大规模的工业遗产保护和再利用运动，随后其影响不断扩大，最终扩展到全球。1965年，美国的劳伦斯·哈普林提出了建筑的“再循环”理论，将建筑内部重新组合调整而使人们可以再次接受，并于1967年完成了旧金山格拉德利广场改建，将原来废弃的毛纺厂和巧克力厂改建为商店和餐饮设施，对其现有的砖结构建筑予以保留，外部刷新，而内部空间重组，并且在老建筑旁边增建一些小商店，在为老建筑提供新功能的同时也保留了该地区的传统地标，改造获得了极大成功。

从20世纪70年代中期至20世纪80年代后期，西方发达国家的城市中心复兴运动开始兴起。其中工业遗产的保护和开发占据了很大的比例，无论是《内罗毕建议》，还是《马丘比丘宪章》和《华盛顿宪章》，都对工业遗产的保护及开发起到了相当的推动和指导作用。发达国家在城市再生背景下的工业遗产保护实践，曾经给予我们很多的启发。

新加坡政府为了推动“文艺复兴城市”的建设目标，1985年推出了“艺术之家计划”（Arts Housing Scheme，AHS），该计划为艺术家和艺术团体提供优惠措施。如果艺术家迁居到城市的闲置地区，只需支付房租的10%，而其余90%由新加坡国家艺术委员会（Singaporean National Arts Council）来承担，基础设施和维护成本主要由租户承担。根据新加坡国家艺术委员会的报告，艺术团体对那些闲置建筑（disused buildings）的再利用不仅为艺术产业提供了活力，而且使那些“被人遗忘的角落”得到了再生。

20世纪80年代以后，城市再生在全球范围内广泛展开，同时也对工业遗产的保护和再利用起到了极大的推动作用，特别是《关于工业遗产的下塔吉尔宪章》的发表使得世人对工业遗产保护的认识有了革命性的飞跃。从国外以往成功的案例来看，在城市再生背景下对工业遗产的保护和开发实际是对工业遗产在保护的基础上进行再利用的过程。而从以往对文化遗产的保护和开发的经验上来看，保护和再利用本身存在着一定的冲突，而对于工业遗产来说，同样也存在着两者之间的矛盾和冲突，如何解决这个矛盾，德国鲁尔区的工业遗产保护和开发再利用给了我们很好的借鉴。

第四节 工业遗产对城市再生的影响

在城市更新的过程中，城市原有的旧居住区和旧工业区等对城市更新的影响是多方面的；对于工业遗产而言，其对城市更新的影响与之相类似，但是由于工业遗产本身的诸多特点，其影响又具有自身的独特性。

一、限制作用

工业遗产对城市更新存在多方面消极影响，这主要反映在对城市再生的影响和对城市社会发展的影响。

首先，对城市再生的限制。在用地比例上，我国的城市一般都是在工业基础上经过多年逐步发展而来的，目前的工业遗产所在的区域早期一般都位于城市的边缘，但是由于我国的工业区同居民区往往是同步建设的，随着城市的发展，这部分区域现在大多已经成为城市的中心城区，由于用地性质的差异，这部分老的工业用地的存在在一定程度上分割了城市中心区的布局，目前这部分区域也是面临城市再生压力最大的一部分区域。

在用地布局上，我国在中华人民共和国成立初期的时候过分强调生产发展，加之20世纪50年代“大跃进”和六七十年代“文化大革命”导致城市规划的停滞，使得我国城市的工业用地布局极其混乱，用地也相对比较分散。城市内工业区、居住区、商业区和各类基础设施混杂，导致城市功能无法得到更好的发挥。

从土地的区位效益上看，目前这些工业所在地段随着城市的发展和扩张，土地价值随之迅速提升，土地级差效益无法得到充分的体现，出于商业利益的平衡，这部分的工业遗产原来所在的工厂占据了城市大量的黄金地段，使得城市本来就极为有限的土地资源无法得到充分利用，土地区位效益也无法得到充分利用。例如，上海泰康路周边地块中已经有部分里弄要计划全部拆除新建，根据打浦桥地区规划，泰康路近瑞金二路地块将拆除旧房，新建现代化封闭式的高级住宅区，建成后约有400套房，能容纳1200人居住。届时，保留下来的泰康路田子坊艺术社区只占整个风貌区面积的1/5，泰康路的传统历史风貌将会完全改变，这对田子坊而言，无疑是一种破坏。因此，协调保护与开发之间的矛盾也成为横亘在各级政府部门与规划部门之间的一个难题。（如图1-3、1-4所示）

图1-3　田子坊文化产业弄堂

图1-4　田子坊露天餐厅

图片来源：笔者于2012年在上海泰康路田子坊自行拍摄

其次，对城市社会环境的限制。工业遗产所在的城市的旧工业区有许多已关闭破产的企业，随着工业布局的调整和产业结构的升级，这些旧工厂中存在大量的下岗和退休工人，由于这部分人员在这一区域大量聚集，对城市社会的稳定与和谐都产生了一定的影响，同时由于这部分区域大多属于城市低收入阶层，其消费水平也比较有限，因而对城市整体经济活力提高的影响也较大。

二、促进作用

尽管工业遗产作为城市中旧工业区的一部分对城市再生存在着诸多的消极影响，但也有很多的积极影响，主要表现在以下几个方面。

第一，在经济方面，城市中现存的这部分工业遗产存在很高的经济价值，其价值不仅仅表现在建筑所占的土地的价值以及建筑本身的使用价值方面，同时这些工业遗产历史地段本身的保护更新也存在间接的经济价值，这些价值受到工业遗产本身所蕴含的社会、历史、文化和艺术等价值的影响，同时也受到社会发展水平、市场认同度及人们的审美观念等多方面的影响。

第二，在土地价值方面，工业遗产本身所占有的土地所处位置一般都位于城市中心区域，按照级差地租理论，越靠近中心区，土地价值越高，但是土地本身价值的体现方式是多种多样的，同时土地本身的开发方式对于土地周边区域的土地价值也存在很大的影响，工业遗产本身的存在以及合理地对工业遗产进行保护再利用无疑对提升其周边土地的价值有着积极的影响。

而且，工业遗产本身存在着较高的使用价值，工业建筑相对民用建筑而言，其本身在建造的时候建筑质量相对较高，虽然经历了多年风雨洗礼，但是如果在保护的同时对其中结构较好的建筑加以合理利用，一方面可以节约城市更新的成本，另一方面也可以保护城市工业文明的发展历史。

工业遗产作为文化遗产的一种，对其进行合理的开发无疑将成为很好的一项旅游资源，同时对工业遗产的保护开发不仅仅对弘扬传统工业文化意义重大，同时也可以带来很可观的经济收入，所以合理地结合工业遗产的区位优势对其进行保护更新，有助于完善区域文化旅游产业结构，提高城市品位，塑造城市形象。

第三，在文化意义方面，工业遗产的保护对城市更新中城市文化特色的保持等多个方面都存在积极影响。首先，在建筑价值方面，工业遗产在当初设计建造时凝聚了设计和建造人员的智慧，其所使用的材料以及设计风格都带有强烈的时代特色，作为建筑本身，它见证了时代的发展进程，具有相当的建筑艺术价值，同时在设计建造方面也存在着相当的工业美学和艺术价值。工业遗产见证了城市工业发展和城市工业文明的辉煌，同时也承载了普通人民日常生产生活的点点滴滴，反映了城市的工业历史文脉及特色，蕴含着工业历史的发展与地域本身文化特色的融合，它是城市抹不掉的历史印记，其存在对提高城市市民的地域认同感和归属感有着极其积极的意义。工业遗产的保护也有助于了解与当时城市工业发展相关的各类资料，其本身具有很强的历史研究价值，同时工业遗产属于文化遗产的一部分，其本身也含有很强的文化教育意义。

工业遗产相对于旧工业区和旧居住区而言，由于其本身价值的存在，对其所在地区进行改造更新可以同时改善该地区的环境状况，对于城市更新本身而言，减少了更新的阻力，同时可以以其作为标志将该区域发展成为城市新中心，对于提高城市整体空间景观质量也有着积极影响。

最后，对工业遗产的保护开发可以带动相当一部分产业的发展，尤其是艺术创意产业和城市文化旅游的发展，这对于解决该地区的就业问题，减少社会矛盾，促进社会和谐，提升城市文化和形象也有着积极影响。

工业遗产对于城市更新而言有利有弊，但从整体来看，工业遗产对城市更新利大于弊，对工业遗产的合理保护和开发利用有利于加快城市更新的进度，减少城市更新的费用，同时有利于保护城市文脉，提高城市品位。

第二章　中国工业遗存的“遗产化”发展历程

工业遗产是在国际遗产保护的大背景下产生的，经历了一系列的制度化历程之后，成为世界遗产的一部分。工业遗产作为一个国内未曾有过的概念，可以被视为西方舶来的概念。工业遗产的知识扩散过程是“西学东渐”的扩散过程与国内进一步扩散的结合，分为内外两个尺度，一是国际向国内的扩散，二是国内的内部扩散。两个扩散过程具有时间的先后顺序，先是由外而内的扩散，之后是内部扩散。由国际向国内的扩散过程中，工业遗产作为知识源，被知识源组织选择和抽象出来成为知识扩散的起点，这里的组织主要来自西方，包括世界遗产组织、国际工业遗产保护组织以及国际建筑、景观、规划、旅游领域的学者专家等，知识接受方为中国的政府、学者和民间。而内部扩散中，知识源组织包括政府、学者、企业，他们对工业遗产知识进行了二次传递，通过媒介的作用，将其传播扩散给最终的大众和消费者。

中国的工业地遗产化发展历程受国际思想的影响，体现出文化属性和经济属性的不同特点，一方面来自文物保护到遗产保护的过渡，另一方面则受产业转型、文化消费等资本因素影响。全面研究工业遗产的产生、发展，和在中国的传播和影响，包括官方和民间、学者和实践的不同领域，将是一个宏大的课题，千丝万缕的扩散网络难以在本书的篇幅中穷尽，亦非研究主旨。因此，本书仅以时间为线索，尝试从文化和经济属性两方面梳理工业遗产概念和理念在中国传播扩散的过程，包括工业遗产概念的传播和制度化过程、学术界的知识扩散过程、实践领域的推进和发展。学者对工业遗产的介绍和研究，是一种知识扩散的过程，使工业遗产在学术研究领域逐渐得到关注；各级政府将具有代表意义的工业建筑和文物列入保护名录，使工业遗产逐渐进入制度化、规范化的轨道。现实的城市更新和文化产业发展的需要，则促进了实践领域对工业景观和建筑的关注，出现了大量引用国外经验的成功案例。其中一个关键问题是：工业遗产作为一个源于欧洲的概念，如何从西方世界舶来到中国？又如何在中国这一特殊的语境下传播和扩散的？

第一节　中国工业遗产的文化属性及其保护

一、概念传播

欧洲是遗产概念的发源地，遗产的概念和思想从欧洲开始，并借助世界遗产逐渐向全球范围扩散，正是由于世界遗产的广泛影响力，才引发了中国对于遗产以及工业遗产的认知和重视，1972年正式通过了《保护世界文化和自然遗产公约》。

1976年世界遗产委员会成立并建立《世界遗产名录》。世界遗产的认证体系，是一个由“普遍价值”“国家主体”“专家认证”构成的体系，其中的“普遍价值”是重要的评价标准，而这个标准是由西方社会制定的，因此以这个标准进行世界遗产的衡量，实际上就是遵循西方中心论的。但是，目前的遗产仍然是建构出的、全球意义、国际承认的遗产，伴随着遗产选择价值观念的改变，工业遗产才逐渐引起人们的关注。在世界遗产名录中，存在时间、类型高度集中的现象。非物质文化遗产也被忽视。与全球其他地区相比，欧洲的代表性过渡，欧洲和北美地区世界遗产地拥有量和代表性比世界平均水平高出很多。在已经收入世界遗产名录的遗产项目中，地域上属于欧洲的项目占据了50%左右，而撒哈拉以南地区的项目只有15%。现代遗产数量少，目前世界遗产名录中的现代遗产（19—20世纪）共29项，占总数911项的3.2%，而现代工业遗产5项，仅占总数的0.5%。以亚太地区为例，从表2-1中可以看出，遗产类型集中在历史城镇和城镇中心、文物、建筑群和考古遗产，现代遗产所占比例仅为3.3%。

表2-1　截至2005年7月亚太地区拥有的文化遗产类型分析

遗产类型	数量	比例	具体类型/数目
文物	28	23.1%	古建筑/16
			石童子和石刻/12
建筑群	25	20.6%	古建筑群/25
考古遗产	18	14.9%	考古遗产
历史城镇和城镇中心	34	25.1%	历史城镇/23
			乡土聚落/5
			历史中心/6
现代遗产	4	3.3%	工业遗产/2
			近现代建筑/2
文化景观	12	10%	文化景观/12
总数	112+9（9个跨国项目，计算两次）		

另外，遗产与认同高度相关，认同由公众遗产（public heritage）和私人遗产（private heritage）组成，对于遗产的管理目前倾向于只针对公众遗产，而事实上在人们日常生活中还有一种更有意义的遗产。目前的世界遗产名录中，与其他类型相比，古城和宗教建筑代表性过渡；与史前和20世纪相比，历史时期（Historical periods）代表性过渡：与乡土建筑

（Vernacular architecture）相比，精英式建筑（“Elitist” architecture）代表性过渡。以中国为例，在32项与文化有关的遗产中，19世纪以前的为30项，与皇家和宗教有关的占23项，仅有2项为近现代与普通人相关的遗产。然而世界遗产的普遍价值和突出价值存在着相对标准和绝对标准、特殊性与一般性、民族和国际的矛盾，难以划分和平衡，因此在具体操作中评价标准被不断地阐释和发展。

近年来，世界遗产所建立的现代体系逐渐开始倾向于多元文化，强调地域、民族和文化的特殊性。对《公约》定义的理解从早期的文物和遗址扩展到包括城市建筑群、乡土建筑、技术遗产、农业遗产、工业遗产和20世纪遗产。1999年通过了《关于乡土建筑遗产的宪章》，指出全球化趋势下乡土建筑对表达地方文化多样性的价值和意义，同时强调，乡土建筑的保护能否获得成效，关键在于社区对于这项保护的理解、支持和参与。

文化遗产有着自身的文化内涵，因此在强调文化遗产保护的同时，不可避免地强化了族群自身的认同。来自国家和外界的认可与关注，可以推动当地人对小传统的关注、复兴与发展。“遗产”概念在中国的登陆和发展与政府的主导、专家学者的推动关系密切。中国的遗产保护是自上而下的过程，由政府主导，从文物保护开始，扩展到历史文化名城保护，再到遗产保护。加入《保护世界文化和自然遗产公约》后，世界遗产的西方体系被政府采用，并以此推动遗产事业。专家学者成为遗产保护的积极呼吁和建议者，从西方引入遗产的理念和思想，将国外的经验介绍到国内。他们进入世界遗产名录，使鲜为人知的遗产地成为热门的旅游地，遗产光环所带来的经济利益，为当地人带来了实惠，也使大众逐渐认识了遗产。因此，中国的遗产保护和利用，是一个自外而内的过程，从西方引入指导思想和体系，由政府主导学者推动，而经济力量使遗产得以商品化和大众化并广为传播。

中国的工业遗产保护思想同样来自西方，国际遗产保护组织是中国工业遗产产生和发展的重要外部力量。中国本没有工业遗产的概念，正是由于国际遗产保护组织的不断推动，才使其在中国落地生根并逐渐发展起来。伴随着遗产和工业遗产概念的传播，中国的工业遗产开始了制度化历程。1985年中国与世界遗产保护开始接轨，加入了《保护世界文化与自然遗产公约》，从1986年正式申报开始直至此后的25年间（1986年至2010年7月），中国被批准进入《世界遗产名录》的世界遗产已达40处。中国工业遗产深受国际遗产保护思想和再利用实践的影响。联合国世界遗产委员会是推动工业遗产保护的重要国际组织之一。

20世纪90年代以后，联合国世界遗产委员会开始关注世界遗产种类的均衡性、代表性与可信性，并于1994年将工业遗产列为特别强调的遗产类型之一，这使工业遗产开始逐渐受到国际关注。文化遗产保护是以文物保护制度为基础的，而政府是文物和遗产保护的主体。城市软实力和文化建设成为工业遗产的保存和再利用的契机，各级政府及其规划部门将工业遗产视为城市的重要文脉和可持续发展资源。

另外一支重要国际力量是1978年成立的国际工业遗产保护委员会（TICCIH），它是第一个致力工业遗产保护的国际组织。2003 年7月，《下塔吉尔宪章》颁布，工业遗产成为全世界共同关注的课题。"《下塔吉尔宪章》是以西方经济社会发展的一般规律为主线的，对遗产年代和工业遗产保护的界定是以西方为中心的，采用的是西方的近现代经济体系，反映的是西方社会的遗产现状和保护理念。"根据国际古迹遗址理事会（ICOMOS）的《世界遗产名录中的工业和技术遗产》，截至2009年9月，世界遗产名录中的工业和技术遗产共计51项，占世界遗产总数911项的5.6%。工业遗产主要集中在欧洲，拥有项目最多的国家是英国，中国仅有青城山—都江堰一项。18 世纪及以前的为30项，而19—20 世纪的为21项。

二、学术界的知识扩散

专家学者借助工业遗产的学术研究成果，主要包括论文和译著，按照历史发展的时间线索进行举要，梳理出工业遗产知识扩散的过程，找出关键时间节点和重要影响事件。借助邹振环对晚清地理学知识传播的分析方式，可以将工业遗产知识分解为新的知识点，即构成工业遗产知识的基础要素，包括与工业遗产相关的基本概念和观点。通过对工业遗产新知识扩散过程的研究，为后续深入研究提供基础框架。

通过对工业遗产相关知识点的分析，可以发现，中国学界对于工业遗产的关注，源于工业旅游研究领域，吴相利和李蕾蕾都是从旅游研究的角度出发，以工业遗产旅游或工业旅游为研究对象，将工业遗产旅游纳入工业旅游的范畴，因此研究中涉及工业遗产。而国外对于工业遗产的研究，最早则发端于考古学研究。由此可以发现，在工业遗产知识扩散的起点上，中外即存在两种价值取向的差异，国外先有工业遗产再有工业遗产旅游，而国内则先关注工业遗产旅游和工业旅游，这或许可以解释为中国更重视工业遗产衍生价值中的旅游价值，对于工业遗产所抱有的初衷即是功利性的。

专家学者对工业遗产的生产和建构，是基于知识扩散领域的思想传播。他们将新兴的概念和观念引入中国，同时也借鉴国际经验，带来工业遗产保护和利用的最新实践成果。2002 年，李蕾蕾首次提出工业遗产旅游的概念，推动了中国工业遗产领域的研究。之后，大批国内专家学者开始了对工业遗产的研究。截至2012年9月1日，在中国知网上以"工业遗产"作为主题进行精确检索，可以得到802条文献，反映出这一研究领域受到的关注。然而，专家学者虽然拥有话语权，却没有政策决策权，提出的政策建议一部分获得采纳，而另一部分则难以实现。因此，学者力量是工业遗产的知识生产者和实践建议者，作用有一定的局限性。

三、新闻媒体的宣传

在工业遗产的观念传播中，媒介起到了非常重要的作用，连接了生产和消费的两个环节，使工业遗产的意义得以传递并被广泛接受。根据黄宇（2005）的研究，人民网及《人民日报》（含海外版）分别于2000—2004 年间和1995—2005 年间对"世界遗产"进行了相关报道。媒介对于世界遗产的报道在数量上逐年增加,在内容的深度和广度上不断扩展。

2001年昆曲入选非物质文化遗产名录,以及2003年《保护非物质遗产条约》的颁布,促使了媒体对非物质遗产的逐渐关注,对于非物质遗产的报道也随之逐年增长。

中国的工业遗产保护热潮开始于2006年,而媒体对于工业遗产的关注也起于2006年。以中国重要报纸数据库中关于工业遗产的报道为例,以主题为“工业遗产”进行检索,2004年发表在《中国旅游报》上的《利用原有工业遗产开发休闲娱乐产业》成为首条关于工业遗产的报道,而2005年的报道仅为2条,2006年一跃增加为76条,之后的2007年为54条,2008年为37条,2009年为63条,2010年上半年为36条,2011年为27条。

媒介在遗产建构和传播的过程中,与遗产的保护和利用保持着信息同步,起到了向公众推广的作用。20世纪90年代中国掀起了“申遗”热潮,原本默默无闻的文化古迹如平遥古城、丽江古镇,在跻身世界文化遗产名录之后,通过大众传媒的放大,成为人尽皆知的新兴旅游目的地。

媒介对世界遗产具有描述、说明、解释的功能,可以通过向公众传递文化、知识等方式对世界遗产进行意义的构建。而公众对媒介的依赖程度日益增加,在媒介的影响下,逐渐都以这种建构的事实作为依据进行判断。“在旅游吸引物的社会建构的过程中,语言、话语、学术、大众文化(如小说、电影)和大众媒体(如新闻报道、广告),均是社会建构的媒介。”

某一景点被符号性的文字、图片符号渲染得越高,名声和旅游价值就越大。

符号化与大众媒体等知识传播过程联系紧密,一方面媒介可以将某种价值与意义赋予承载符号的客体,将其“神圣化”;另一方面,通过媒介的市场营销可以树立旅游地形象并提升其价值。在“符号经济”中,工业遗产旅游成为工业和公众之间的桥梁。

四、中国工业遗产保护的制度化历程

工业遗产属于文化遗产范畴,要追溯工业遗产的保护历程,则需从遗产保护谈起。中国遗产保护的制度化主要体现在文物保护方面,经历了从古建筑到文物或遗址,再到历史文化名城三个阶段的发展。20世纪20—30年代,古建筑被列入了文物保护的范围。20世纪50—60年代,全国第一批重点文物保护单位公布,初步形成了历史文化遗产保护体系,但仍局限于文物或遗址的范围。20世纪70年代末80年代初,中国遗产保护体系才开始进入完善发展时期。1982年11月,全国人大审议通过《中华人民共和国文物保护法》,正式提出“历史文化名城”的概念,并公布首批24个国家历史文化名城。历史文化遗产保护由单一的文物建筑保护,向保护整个历史传统城市转变,中国历史文化遗产保护进入了以历史文化名城为重要保护内容的阶段。2002年,全国人大公布了新修订的《中华人民共和国文物保护法》。2002年8月,国家建设部在全国范围内首次设立历史文化名镇和名村。

2003年10月,国家建设部公布了周庄等10个历史文化名镇、党家村等12个历史文化名村,2005年公布了34个历史文化名镇和24个历史文化名村。

目前，中国尚未出台专门的关于自然和文化遗产保护的法律法规，主要参照《保护世界文化和自然遗产公约》《佛罗伦萨宪章》等国际条约执行；在《文物保护法》《自然保护区条例》《国务院风景名胜区管理暂行条例》等相关法律法规中，零散分布着遗产保护的法律条文；此外，出台了部分专门性工作意见，如《加强和改善世界遗产保护管理工作的意见》《加强我国世界文化遗产保护管理工作的意见》等。文物保护制度是工业遗产保护的主要制度框架体系，《文物保护法》可以直接适用于被认定为文物保护单位的工业遗产中，例如针对分类、法律责任及保护原则等方面，同时根据工业遗产的具体情况来调整和完善。

2006年是我国真正开启工业遗产的研究和保护的重要时间节点，2005 年10月国际古迹遗址理事会第十五届大会在我国西安举行全体会议，会议的主题为工业遗产。2006年4月18日在江苏无锡举行了首届中国"保护工业遗产"论坛，其间通过了《无锡建议》，这是我国第一部关于工业遗产保护的共识文件。同年，"工业遗产"被定为国际文化遗产日的主题，国务院下发了《关于加强文化遗产保护的通知》，国家文物局也根据通知内容，提出将工业遗产列入文化遗产范畴，传承工业文化，在经济社会发展和城乡建设规划中，加强工业遗产保护、管理和利用，并下发了《关于加强工业遗产保护的通知》。

在第六批国家重点文物保护单位中，首次公布了中东铁路建筑群等9处工业遗址入选第六批国家重点文物保护单位，在这些工业遗产中，年代最"久远"的是建于1890年的汉冶萍煤铁厂矿旧址，最"新"的是建于1958年的酒泉卫星发射中心导弹卫星发射场。加上2001年以"近现代重要史迹及代表性建筑"名义入选的两处，截至2006年，共有11处工业遗产地被列入全国重点文物保护单位。

此后，工业遗产成为各地政府在进行城市改造中所关注的问题，许多城市出台了相关政策，同时加大了研究力度。2007 年开始的第三次全国文物普查，首次将工业遗产纳入普查的范围。2010 年国家文物局进行了第七批全国重点文物保护单位的申报和评审，其中通过专家评审的工业遗产多达120多处，主要为狭义的近现代工业遗产。

与此同时，在地方城市规划和文物保护工作中，也开始关注工业遗产。2007年12月，北京市贯彻落实建设部颁布的《关于加强对城市优秀近现代建筑规划保护的指导意见》（建规[2004]36号）和《城市紫线管理办法》（建设部120号令），由市规划委员会、市文物局联合公布了第一批《北京市优秀近现代建筑保护名录》，其中包括了6项工业遗产：北京自来水公司近现代建筑群（原京师自来水股份有限公司）、北京铁路局基建工程队职工住宅（原平绥铁路清华园站）、双合盛五星啤酒联合公司设备塔、首钢厂史展览馆及碉堡、798 近现代建筑群（原798工厂）、北京焦化厂（1#、2#焦炉及1#煤塔），占全部71项的8.45%，占总建筑190栋的12.1%。

国内较早提出对工业遗产进行保护的是上海市，当时称为"上海近代产业遗产（industry heritage）"。上海市分别于1991年和1997年，颁布和修订了《上海市优秀近代建筑保护管理办法》。《上海市历史文化风貌区和优秀历史建筑保护条例》于2002年7月颁布并于次年实施，398处历史建筑中有28处与工业相关，主要是产业发展史上已建成30年以上、具有代表性的文化遗产，例如作坊、商铺、厂房、仓库等被列入优秀历史建筑保护范畴。2009年6月，上海市文物管理委员会编辑的《上海工业遗产新探》和《上海工业遗产实录》，分别收录了215处和290处在第三次全国文物普查中新发现的工业遗产。

2010年10月，第三届中国历史文化名街评选中，洛阳市涧西工业遗产街被文物部门列为申报对象。涧西工业遗产街是苏联在我国"一五"期间援建的厂房和生活区，主要为苏式建筑。2011 年5月，经过专家评审和公众投票，涧西工业遗产街从全国400多条街道中脱颖而出，最终入选10强，这是中国历史文化名街三届评选以来，30条中国历史文化名街中唯一入选的工业遗产项目，是中国工业遗产整体保护的有益尝试，同时也反映了公众对工业遗产的认知在不断地深化。

五、中国工业遗产的阶段划分

从历史学的角度，以1949年新中国成立为分界线，中国工业发展可以分为近代工业与现代工业，因此工业遗产可以相应地分为近代工业遗产（1840—1949年）和现代工业遗产（1949 年之后）两类。根据时间标准，有学者将近代工业遗产分为近代工业产生、近代工业初步发展、私营工业资本迅速发展和抗战及战后短暂复苏时期四个阶段，将现代工业遗产划分为新中国工业发展初期、新中国工业曲折前进时期和新中国工业大发展时期三个阶段。这些对工业遗产的阶段划分，不仅仅与历史时间相关，更与中国近现代工业化历程相对应，工业遗产正是工业化的客观遗存，不同历史时期的工业遗产反映出了当时的工业发展特点。

六、工业遗产的认定标准

工业遗产的认定，目前没有统一通用的国际性或国内性标准，与之相关的国际文件和国内规范也只是提供了较为宏观的描述，如联合国教科文组织、国际古迹遗址理事会等。

另外，从登录到世界遗产名录和国家文物保护单位名录的工业遗产中，可以总结出目前工业遗产的选择认定标准和特点。

（一）国际价值标准

1. 联合国教科文组织的文化遗产通用性标准

联合国教科文组织对文化遗产的评价标准包括六个方面，认为遗产应体现文化和人类活动与自然的互动，突出了时空上的人文价值，强调了典型性和稀缺性。分析联合国教科文组织的标准可以发现，对于文化遗产的认定，考虑的是人文价值、文化传统、技术价值、信仰、观念、艺术及文艺作品等，均属于遗产的文化属性范畴。强调的是典型性、杰出代表、重要阶段、重大意义等。但是评价标准过于笼统，没有针对时间和类型等具体因素的限定，因此在实践操作中会出现一定的困难。应用于工业遗产的评价，则更加具有局限性，难以用具体的时间尺度进行时空价值的衡量，也无法考察工业遗产的典型性和稀缺性。

2. 国际古迹遗址理事会的专项标准

国际古迹遗址理事会是世界遗产委员会的专业咨询机构。在国际古迹遗址理事会的专题研究中，曾经出现过柯林·迪瓦尔（Colin Divall）等对铁路、史蒂芬·休斯（Stephen Hughes）对煤矿这些特定类型工业遗产的认定标准（陈玮玮与杨毅栋，2008）。这是在UNESCO通用的遗产标准之后出现的专门针对工业遗产的评价标准。在两个专项研究中，对工业遗产的认定是以技术价值为主的，重视实际功能的原真性，评价原则同样是从文化属性角度出发，强调独一无二的、重大技术进步等突出价值和普遍意义。

柯林·迪瓦尔等针对铁路类型的工业遗产，提出四点标准，强调了工业遗产是人类智慧的结晶，伴随着技术革新和科技进步，反映了社会经济发展的历程，具有典型性和创造性。史蒂芬·休斯提出煤矿类工业遗产的认定标准，指出此类工业遗产应该反映人类智慧和创造力，与历史发展、技术进步和重大社会经济发展相关，同时保持机能结构的原真性。如强调“对重大技术进步产生深远影响。尤其要重视将现有或新技术应用到煤矿开采设备的过程，以及技术在国家之间和洲际传播的标志”。“煤矿的重要价值之一在于它的实际功能，某些生产部件的维护、修理和更换并不影响已经评定的工业遗产的原真性。”

这两项针对铁路和煤矿类型工业遗产的认定标准，创造性地将工业遗产类型进行了细分，并在此基础上进行评价，如铁路的技术革新进步应是重要的考量要素，而煤矿的设施设备则应注意原真性的保存，避免了泛泛而谈而更有针对性和可操作性。但是这些评定标准仅仅是国际古迹遗址理事会专项研究的内容，并没有被广泛应用于工业遗产的认定和评价当中。

3. 世界遗产名录中的工业遗产

根据国际古迹遗址理事会的《世界遗产名录中的工业和技术遗产》，截至2009年9月，世界遗产名录中的工业和技术遗产共计51项。从地理分布来看，世界工业遗产集中在欧洲，占总量的70%，其次为亚洲（10%）、南美（10%）、北美（8%）、大洋洲（2%）。南极洲和非洲则是空白。从行业分布看，采矿业、制造业、交通运输业比重较大。从登录标准来看，强调较高的科技价值，如“对建筑、技术、城镇规划、景观设计等产生过重大影响”，又如“建筑、建筑群、技术整体或景观的杰出范例”。世界遗产名录中的工业遗产类型既包括煤矿、金属矿藏、盐矿、钢铁厂等工业生产设施，也包括交通运输设施，如铁路、运河、输水管道及附属设施，整体性突出的工业市镇占有重要比重。由此可见，工业遗产得以进入世界遗产名录，是缘于其文化属性及其相应的文化价值。

（二）国家价值标准

1. 全国重点文物保护单位中的工业遗产

文物保护单位是中国工业遗产合法化的制度保证。中国早期文物保护制度主要关注古代文物遗址，并没有近现代遗产的概念，更没有近现代工业遗产的单列项。

以全国重点文物保护单位为例，第一批1961年公布，第二批1982年公布，第三批1988年公布。其中第一批中没有近现代工业遗产相关项，第二、第三批“革命遗址及革命纪念建筑物”中，共有2项与中国近现代工业化历程相关，为安源路矿工人俱乐部旧址和中华全国总工会旧址。从1996年公布的第四批全国重点文物保护单位开始，中国开始重视近现代文物遗产，将“近现代重要史迹及代表性建筑”列为一个单独的保护类别，大庆油田第一口油井等正式以工业遗产的形式进入“国保”名单。六批“国保”单位中，古代传统工业遗产为14类149项，近现代工业遗产仅为11项。

列入全国重点文物保护单位的近现代工业遗产，早期是作为“革命遗址及革命纪念建筑物”列入的，如安源路矿工人俱乐部旧址、中华全国总工会旧址、延一井旧址等，因此对其的认定是出于与革命历史相关的价值，而非工业遗产的价值。2001年开始，列入名录的工业遗产归属于“近现代重要史迹及代表性建筑”一类。大庆第一口油井是大庆石油会战的历史见证，也是新中国石油工业成就及大庆精神、铁人精神的主要象征。汉冶萍煤铁厂矿旧址现完整保留有汉冶萍时期的高炉栈桥、冶炼铁炉、日式住宅、欧式住宅瞭望塔、卸矿机、冶炼炉等，是我国现存最早的近代工业中钢铁冶炼遗址。青岛啤酒厂是我国第一家且持续经营至今的啤酒厂，为当时亚洲最大、最先进的啤酒企业。这些工业遗产项目之所以被列入全国重点文物保护单位名录，主要是因其重要的历史价值，代表了中国近现代经济、社会发展的重要历程，往往具有重大的代表意义。

而工业遗产的特殊价值并没有得到进一步的强化和突出，没有成为单独的项目类别。第三次全国文物普查中，将工业遗产纳入不可移动文物普查范围，《实施方案及相关标准规范》中工业遗产属于“近现代重要史迹与代表性建筑”，具体项目名称为“工业建筑及附属物”，其认定条件如下，三条标准具备其一即可：

（1）与历史进程、重要历史事件、历史人物有关的史迹与代表性建筑的本体尚存或有遗迹存在；

（2）具有时代特征并在一定区域范围具有典型性、在社会各领域中具有代表性、形式风格特殊且结构和形制基本完整的建筑；

（3）为纪念重要历史事件或人物建立的建筑物、构筑物，具有标志意义或典型意义。

2. 地方文物普查标准

江苏省无锡市是较早对工业遗产认定提出规范化标准的地方城市，2007 年颁布的《无锡市工业遗产普查及认定办法（试行）》中，对工业遗产的判定标准进行了细化，针对无锡市工业遗产的情况和特点，提出工业遗产应该在相应时期内具有稀有性、唯一性和全国影响性的特点，如同一时期内，企业在全国同行业内排序前五位或产量最多、质量最高、开办最早、品牌影响最大，工艺先进，商标、商号全国著名。另外强调了建筑和布局结构的完整性、时代性和地域特色。作为地方性普查标准，无锡的认定办法将时空因素纳入考量体系，更加具有区域特点和操作的可行性。

（三）学者标准

根据联合国教科文组织评选世界遗产的标准以及国际古迹遗址理事会的专项标准，结合工业遗址的具体保护情况，俞孔坚提出了6项认定标准，并指出在实际操作中要根据工业遗存的现状进行充分考虑。俞孔坚列出的标准相对宏观，从景观角度强调了工业遗产的历史价值、技术价值、审美价值等文化属性。如“规模和技术上在同行业中曾经占据主导地位，代表当时生产力的先进水平”，“标志工业生产技术变革或管理形式创新”。但是该标准没有针对不同类型工业遗产的区分，也没有更为细化的具体标准，缺乏可操作性。

通过对以上认定标准的分析，可以发现工业遗产的认定主要以文化属性为依据，体现出遗产的本征价值，包括工业遗产的艺术、审美等价值。而中国的遗产保护及工业遗产保护中受到典型的文物价值观的影响，在文物的价值评估中，受到“物以稀为贵”的传统观念影响，倾向于以历史、艺术甚至经济价值作为主导评估的取向标准。文保法规中定义的遗产价值类型，仅限于历史、科学、艺术三项，其他价值类型有所缺失，导致价值分析只着重于历史层面，与社区和整体社会环境脱节。三大价值中的科学与艺术价值专指科学史与艺术史方面的价值，与《巴拉宪章》的科学、美学价值内涵也存在差异。《巴拉宪章》中，美学价值包括感官知觉的价值，如结构形式、颜色、规模、纹理、材料、气味和声音等，科学价值则指遗产地的研究价值。

然而从另一方面而言，当工业遗产成为世界遗产或者进入文物保护单位名录，其实即是被赋予了一个稀缺的、独特的标签。在商业社会中，这种稀缺性受到资本的高度关注和追逐，因此使其经济价值相应增加。随着文化属性被认可，工业遗产的经济属性得到进一步彰显，工业地被改造和再利用为不同的形式。

第二节　中国工业遗产的经济属性及其再利用

一、影响因素

中国的工业地再利用是在产业转型和城市化背景下开始的，一方面由于拆除工厂建筑、清理工业用地需要高昂的成本和费用；另一方面由于历史原因，工业地往往具有良好的交通和区位优势，同时工业建筑本身的特点使其符合了现代社会的消费主义趋势和审美需求。在这样的背景和条件下，工业地经济属性对应的经济价值得到了认可，推动了中国工业地的保存和再利用实践。产业转型、城市复兴和遗产旅游是推动中国工业地再利用的主要因素。

（一）产业转型

新中国成立初期，中国的产业结构以第一产业为主，以1953年为例，三大产业在国内生产总值中的份额分别是46.27%、23.36%和30.37%，就业结构的产业分布分别为第一产业83.1%、第二产业8.0%、第三产业8.9%，可见当时第一产业为绝对支柱产业，吸纳了大部分的劳动力，而第三产业所占比重非常小。而到了1977年国内生产总值中三大产业的份额分别为29.51%、46.85%和23.64%，第一产业的产值份额下降了16.5%，第二产业产值份额上升了23.7%，第三产业的产值份额降低了7.4%。改革开放以后，中国的产业结构发生了调整，第三产业比重不断上升。根据国家统计局《中国统计年鉴2012》的数据显示，1978 年国内生产总值3645.2亿元，其中第一产业1027.5亿元占28.2%，第二产业1745.2亿元占47.9%，第三产业872.5亿元占23.9%。2011 年国内生产总值472881.6亿元，第一产业47486.2亿元占10%，第二产业220412.8亿元占46.6%，第三产业204982.5亿元占43.4%。

产业结构的调整和第三产业发展战略的全面推进，使中国城市空间格局发生了重大变化，劳动力从第一产业、第二产业向第三产业转移，传统工业区开始向城市外围的新兴工业区转移，为中心城区发展第三产业腾出空间。产业结构的转变使工业产业面临改造的问题，尤其是城市内旧工业区所面临的更新问题更为突出。因而如何更好地保护与再利用城市内的工业遗产和工业历史地段，成为重要问题之一。

（二）城市复兴

工业布局不合理。由于中国工业是在新中国成立前殖民地、半殖民地的工业基础上发展起来的，因此老工业区往往位于城市中心区，或者与居民区交杂在一起，布局的不合理导致了工业对城市发展和居民生活形成阻碍和负面影响，而工业发展也受到空间格局的限制。快速的城市化进程，更加凸显了老工业区位置和布局的不合理性。

拆除清理的高成本和费用。对于工业废弃地的更新改造，如果完全拆除原有厂房建筑重新开发建设，铲除工业遗产并在遗址上重新开发建设，将会需要巨大的资金投入。比如，拆除建筑和清理场地需要一定的成本，而对于工业用地的生态恢复也需要大量的时间和资金。以北京焦化厂为例，2006 年7月停产后，曾就拆除工程对外招标，按标书的工程量计算，建筑物拆除面积达24.8万平方米，每平方米报价48元，拆除烟囱11根，每根报价35万元，构筑物1.7万多平方米，每平方米报价165元，三项合计就是1800多万元工程款。而作为大型煤化工企业，厂区污染严重，需要投入较高的生态修复成本，开发建设难度很大。

（三）遗产消费和遗产旅游

由于历史原因，工业废弃地往往位于城市中心区域，或者滨水地区，具有良好的交通和区位优势。工业建筑较大的内部空间和灵活的改造性，为再利用提供了便利的条件。因此，工业废弃地被再利用，成为工业遗产的一种重要保留形式。再利用形式包括：文化创意园，如上海M50创意产业园、北京798艺术区；工业遗址公园，如阜新海州煤矿、公共休闲空间；商业区，如上海杨树浦工业区，其内部既有文化创意园区，也具有旅游购物中心的功能；会展与商务旅游区，如2010上海世博会是基于江南造船厂与上钢三厂旧址建成的。在工业遗产转变成吸引物的符号化过程中，商品化过程起到了关键作用，资本通过生产和消费实现了对工业遗产意义的构建和传递。

二、留存形式

工业遗产特别是工业建筑遗产功能性特点突出，因此具有良好的可塑性和适应性，可以被再利用为其他用途。工业遗产及工业遗产旅游在工业城市，特别是资源枯竭型工业城市转型中具有重要的促进作用，通过发展工业遗产旅游可以创造经济效益，并带动相关产业的发展，解决下岗就业问题，改善城市环境，提高城市知名度，树立良好的外部形象（赵香娥，2009）。因此，经济力量成为工业遗产再利用的重要推动者，包括艺术设计、景观设计、规划、房地产公司等不同类型的公司。他们关注工业遗产的经济属性和衍生价值，将厂房和车间改建为艺术设计办公区，将机器设备改造为景观小品，将旧工厂改建为创意产业园。工业与艺术、创意相结合，由曾经的生产场所变为文化消费场所。

工业地转型为多种再利用方式，主要包括主题博物馆模式，如德国的关税同盟煤矿、沈阳铸造博物馆等；公共休憩空间模式，如德国的北杜伊斯堡景观公园、美国巴尔的摩内港的港口滨水休闲区、上海杨浦区的工业遗产滨江带等；创意产业园模式，如北京的798艺术区、上海的M50创意产业园等；与购物旅游相结合的综合开发模式，如德国奥伯豪森的中心购物区、奥地利维也纳的煤气储气罐等。

按照经济导向和非经济导向两大类别，可以划分为非经济导向的工业遗产博物馆、工业遗址公园、公共休憩空间模式；经济导向的购物旅游中心模式；博览会与商务旅游区模式；文化创意产业和区域一体化治理模式。如沈阳、柳州的工业博物馆，阜新海州煤矿的工业遗址公园，广东中山的岐江公园公共休闲空间，北京的798、751文化创意园，上海的杨树浦工业区（既有文化创意园区也具有旅游购物中心的功能），2010上海世博会基于江南造船厂与上钢三厂旧址建成的会展与商务旅游区。通过分析国内较为成功的案例，可以总结出中国工业遗产留存形式的现状和特点。

（一）工业遗产博物馆

我国工业博物馆在建项目较多，已改造项目主要分布在东北重工业废弃地区，包括大连、沈阳、长春、哈尔滨、绥芬河等城市。东北地区根据其丰富的工业遗产，重点开发工业旅游整合项目。湖北省武汉市作为新中国成立后的工业重镇之地，于2008年9月建成中国首家钢铁博物馆并对市民开放（位于武汉市青山区冶金大道30号），也是集展示、科普教育和接待多功能于一体的综合性博物馆。中国武钢博物馆是在原武钢剧院拆掉后新建而成，

1958 年9 月13日武钢诞生的第一天，流出高炉的第一炉铁水，被铸造成第一批铁锭，“镇馆之宝”就是其中一枚。2010年11月，武钢博物馆挂牌为“省级科普教育基地”。博物馆内的所有钢铁材料，几乎全部“武钢造”，包括钢筋混凝土中的钢筋、地面上的螺纹钢板、各种钢铁门窗等。（如图2-1、2-2所示）

图2-1　武钢博物馆内武钢厂区沙盘模型

图2-2　博物馆入口武钢发展史简介

图片来源：笔者于2019年在武汉青山冶金大道中国武钢博物馆自行拍摄

（二）工业遗址公园

目前我国工业遗址公园在建项目居多，目的是将许多曾经侵蚀吞没大量城市绿地的工业厂区改造成工业遗址公园，以独特的身份充当城市绿地和开放空间的角色，实现工业污染到生态修复的转变，成为优化城市生态环境和规划格局的“城市绿斑”。然而在学术上对于工业遗址公园的概念界定还比较模糊，没有形成统一的定义。2009 年，阜新海州露天矿国家矿山公园被国家旅游局正式批准为全国首个工业遗产旅游示范区，标志着东北工业遗产旅游达到一个新的水平。（如图2-3、2-4所示）

（三）购物旅游中心

购物旅游中心再利用模式也取得了较大进步，例如广州动感小西关将原针织厂厂房改造为以旅游购物为主要功能的商业区，这种利用模式属于空壳化改造，即只保留厂房建筑，外观上进行部分改造，内部改造为商业城、儿童娱乐中心、健身俱乐部等。这种再利用模式在一定程度上与出租转让性使用模式重合，如上海杨树浦工业区，其内部既有文化创意园区，也具有旅游购物中心的功能。

（四）博览会与商务旅游区

博览会与商务旅游区模式在国内案例较少，属于新的开发方向，工业博览会选址在废旧厂房改造的情况更为少见。2010上海世博会是基于江南造船厂与上钢三厂旧址建成的。在园区中，南市发电厂的主厂房被改建为上海世博会“城市未来探索馆”，中国船舶馆是江

图2-3　阜新海州露天矿国家矿山公园广场

图2-4　阜新海州露天矿坑实景

图片来源：https://www.meipian.cn/1n3jk6sa

南造船厂旧厂房重新设计改造而成。

（五）公共休憩空间

公共休憩空间模式改造成功案例数量也较少，其中中山岐江公园的成功改造独树一帜。粤中造船厂的部分厂房等被保留下来进行景观重组，并获得多项景观设计大奖。

粤中造船厂旧址，1953 年始建，1999年破产。曾经计划拆迁，改建成商业街区以吸引外商投资，后来改建成城市绿地，现为开放式的城市休闲文化公园。

中山市岐江公园，2002年建成，公园面积11万平方米，其中水面面积3.6万平方米，建筑面积3000平方米。中山市政府希望岐江公园满足三个功能：经济方面成为提升周边地价的保证，文化方面成为工业历史的记载，丰富城市资源方面成为一个旅游亮点。岐江公园的设计理念为：设计一个延续城市本身建设风格的主题公园，以其功能性的文化内涵满足当地居民的日常休闲需要，吸引外来旅游者的目光；设计一个展现城市工业化生产历程的主题公园，记录城市在中国近代历史与发展中的工业化特色；设计一个充分利用当地自然资源的主题公园，以绿化为主体，以生态为目的，融最新环保理念于一体的精神乐园。岐江公园功能分区包括工业遗产区、休闲娱乐区和自然生态区三部分，其中工业遗产区主要为原造船厂的景观，包括龙门吊塔、铁轨、水塔、脚手架与烟囱等场景。休闲娱乐区主要为中山美术馆。自然生态区依托水体和植被，设置游步道和座椅等，为游客提供可以亲水的自然体验。

（六）文化创意产业园

我国在工业遗产再利用中最常见的是文化创意产业园，北京798文化艺术中心是国内改造较早和被引用最多的案例，上海形成了一定规模的文化创意园集聚地。文化创意产业园主要采取租赁和转让的方式实现经济收益。

（七）区域一体化

区域一体化模式在国外取得较大成功，如德国鲁尔的工业遗产之路，而我国目前尚未形成整体性的规模化模式。国外经历了漫长的工业时代，遗留下的工业遗产区域面积大且遗产内容相对丰富。而我国虽然“退二进三”使很多废弃厂房搁置，具有工业遗产再利用的潜力，但由于保留下来的废弃工业地单体规模相对较小，加之空间分布分散，相互之间难以形成区域联系。河南洛阳的涧西工业遗产街入选2011年中国历史文化名街，是30条中国历史文化名街中唯一的工业遗产项目，虽然规模上只是街区范围，却也可算作工业遗产整体化保留和区域一体化的有益尝试。

目前，中国工业遗产与旅游活动有一定的结合，但再利用形式比较单一，在北京、广州、上海等大城市，大量的工业遗迹被再利用为创意产业园、城市休闲文化场所等，而单纯的工业遗产博物馆的数量却寥寥无几。工业遗产的再利用形式多采用“798”的外壳式保留，而较少有纯粹保护的形式。根据刘旎的研究，在上海工业遗产建筑再利用的全部40个案例中，改造成创意产业园的有23处，占到了所有案例的57%，超过了一半[1]。

对工业遗产的再利用，是一个遗产商业化的过程，是对文化的消费。目前对于工业遗产有两种主要再利用形式：博物馆的纯粹式和“798”的外壳式。通过对这两种形式的分析，发

[1] 刘旎，上海交通大学船舶海洋与建筑工程学院，硕士毕业论文《上海工业遗产建筑再利用基本模式研究》，2010：2.

现旅游吸引力存在显著差异。工业遗产作为旅游资源，被再利用到遗产旅游中，其核心吸引力并不是工业文化本身，而是新的社会文化意义。工业遗产之所以为遗产的本质意义，与再利用过程中商业化目标矛盾。

工业遗迹成为遗产受到保护之后，会被加以不同形式的利用。其中一些以博物馆的形式，向人们展示着工业文明，如沈阳铁西区的铸造博物馆和工人村生活博物馆。而另一些工业建筑和景观成为后现代主义的资源加以利用，工业建筑的功能被抛弃，形式被改写，成为符合后现代主义理念的新的形式。这也符合朱迪思·阿尔弗雷等学者的观点："遗产在很大程度上与建筑和景观资源有关，并且需要符合环境设计的特定常规标准。这通常决定资源选择的严格程度，遗产成为特殊的、通常是对资源的二次利用。"

例如北京著名的“798”园区，就是借用工业遗产的外壳，赋予其新的功能，成为社会发展自发形成的文化旅游资源。吸引中外访问者的主要特征是798艺术区的文化艺术体验与感受，居于前三位的分别为文化氛围、艺术价值和建筑风格。

第三节 经济属性与文化属性的共生和矛盾

工业遗产的经济属性和文化属性相互依存又彼此矛盾。作为一种文化资本，工业遗产通常是塑造国家和地区认同的有效手段。而作为一种经济资源，工业遗产被商业化再利用，与所有其他类型的遗产一样，被改造成用于出售的产品和体验，成为现代娱乐消费和遗产产业的一部分。经济属性带来的商业化与遗产之间存在着共生和矛盾，商业化既是遗产扩展表征的发展动力，同时也会破坏遗产核心价值的原真性。国外研究认为遗产主要被中产阶层消费，而商业化是扩展遗产表征的重要驱动因素，使遗产扩展到精英意识之外。20世纪70年代，工业遗产的价值被认可并成为文化消费品，就是商业化驱动的结果。

工业遗产的文化属性使其成为文化资本，用于地区形象和认同的塑造手段。

从这个角度分析，工业遗产出现于英国并不意外，因为英国是欧洲最大的20世纪早期资源基地，当时正处于经济衰退时期。在这样的背景下，衰落的煤矿被重新包装成旅游遗产，能够形成对辉煌过往的浓厚的国家性怀旧氛围。英国的铁桥峡谷被包装成“工业革命的摇篮”，并被列入联合国世界遗产名录。特伦特河畔斯托克（Stoke on Trent）的查特里惠特菲尔德煤矿（Chatterly Whitfield Colliery），作为英国19世纪最大最完整的煤矿，被描述为“煤矿工业的巨石阵”。

英国城市开始重新营销他们衰落的工业地区，如布拉德福德、利兹和曼彻斯特的纺织工业，斯托克城的陶瓷，普利茅斯、纽卡斯尔和利物浦的码头，都被清理干净并重新包装为工业遗产。工业遗产扩展了遗产领域，提高了对工人阶级和普通人遗产的关注。

另一方面，工业遗产的经济属性促使其被商业化再利用。工业和艺术的关系成为工业遗产商业化过程的可视舞台。20世纪末期开始，越来越多的工业遗迹被用作摄影和歌剧等高雅文化的舞台或背景，或为电影或摇滚音乐会等流行文化所用。工业建筑环境本身开始受到美学角度的欣赏，它们被重新利用成为公寓、办公楼和公共建筑。工业遗产的美学诠释是为了现时需要而进行的，因此虽然看起来与历史相一致，但是实际上是以更新工业遗迹为目的的。工业遗产为衰退的工业地区带来了经济机遇，在后工业化和体验经济背景下逐渐被应用于旅游业，既能够为现代人了解工业文明提供了平台，又是一种独具特色的观光、休闲娱乐的旅游资源。欧洲著名的工业遗产之路（Route of Industrial Heritage），以老工业景观的典型要素为特征，目前已经覆盖了欧洲32个国家的850处景点，每年吸引大批旅游者。中国工业遗产的旅游价值也被不断挖掘，工业遗产成为旅游消费产品，逐渐为大众所熟悉。经济力量对工业遗产的生产和建构，是以经济利益为目的的，一方面对工业遗产的保留起到了积极的作用，另一方面也不可避免地带来遗产价值和原真性的问题。从需求角度而言，真实的文化体验是一种文化选择，并不是真实的表面价值，而是基于对真实的诠释和期望。真实性在很大程度上是被大众消费所修改最终由游客加以确认的。现代消费社会中，原来单纯对物的需求已经逐渐转变为对符号意义的追求。工业遗迹通过中产阶级化的过程被转化为商品，用新的活动、使用者和内涵加以表达，工业遗产已经不再属于产业工人，而是成为中产阶层的消费品。工业历史以工业遗产或其他形式折射出了当代的呼唤，包括对新的认同和新的经济活动的呼唤。同时，工业遗产也是一个工业文化被商品化的过程。工业遗产成为城市知识分子所需要的商品的一部分，然而老工业社区的居民对此却抱有一些怀疑。在工业遗产的转化过程中，主要关注点是未来的方向和期待的价值，使其成为商品化的工业历史或充满自信的本地认同。20 世纪80年代，英国工业遗产博物馆和工业遗产地的扩散，引来了批评意见。Hewison是批评者之一，他认为“我们不再制造产品，而是制造遗产，一种没有人能够定义，但每个人都希望出售的商品”。

一、工业遗产的特殊性和高度选择

工业遗产具有与其他遗产不同的特殊性。首先是时间问题，工业遗产存在时间短，无法和历史悠久的其他遗迹抗衡。但工业革命对人类历史的影响巨大，因此，如何度量遗产的价值需要认真考虑。而目前遗产的界定有着仅以时间的长短作为标准的倾向，现有评价标准也缺乏细化和可操作性，这些都是工业遗产面临的特殊问题。

由于工业遗产的存在时间短、数量相对较多，又具有工业的实用主义特征，国内普遍存在一种观点，认为工业遗产保护具有自身特点，与文物“福尔马林”式的保护方式不同，应采取“活态”保护。“工业老建筑再生最重要的是功能置换，核心在于再利用和业态调整”。注重工业建筑物和设施设备的创造性再利用，以再利用的方式来保护更加合适。文化创意产业园是工业遗产的创造性再利用的典范，工业建筑和厂房具有独特的结构和巨大的空间，与日常工作、生活环境的强烈反差，历史和文化氛围浓厚，是创意产业园建设的合适载体。可以赋予工业废旧建筑新生命，使其成为具有代表意义的城市地标建筑。

经济力量对工业遗产具有“亦立亦毁”的双重作用，也因此面临很多争议，问题的关键在于，由经济力量催生的工业遗产，是否还是真正意义上的遗产。正如阿尔弗雷和普特南所说，虽然我们可以通过今天的工业遗产了解过去的工业历程，但是这些仍然是非常片面的。而且通常情况下，这些得以保留下来的碎片很少能够代表过去。纵观遗产和工业遗产的认同和选择，政府部门成为工业遗产保护和再利用的主体力量，掌握着政策决策权，在工业遗产的选择上具有优势话语权，往往会决定哪些工业遗产被保留，以何种方式进行保留，“历史悠久”“著名人物”“著名事件”成为关键词。虽然2002年建设部在全国范围内首次设立历史文化名镇和名村，遗产保护的思路有所调整，开始关心普通人，向民间遗产倾斜，但是评价的标准仍然和历史、规模有关。例如《中国历史文化名镇（村）评价指标体系》由国家文物局和建设部联合制定，其中“历史事件名人影响度”和“历史建筑规模”成为10项指标中的两项。

对于遗产的选择，目前存在过分重视视觉因素的倾向，其他价值被忽视，这使历史的评价标准有着严重的自我局限性，特别是与工业遗产相关时表现更为明显。例如在英国，最初的标准考虑的内容包括著名工程师的建筑、代表技术创新和精湛技艺的建筑、包含了具有重要意义工艺流程的房屋，很少尝试界定建筑历史之外的可能价值。同样的偏见也出现在荷兰对历史遗迹的诠释中，科技史上的重要性被忽略，外观的视觉价值重于功能和历史。遗产的选择只关注年代是否久远，强调稀少的而不是典型的，例外的而不是传统的。

工业遗产具有高度的选择性。在区域经济发展和城市更新中，出于保护的目的，会通过建立博物馆的形式保留部分工业遗产。但是在缺乏对工业遗产的整体评价系统的情况下，这种选择性保护，往往会遗漏一些重要的工业遗产资源。对于工业遗产的识别，往往是反映与发展相关的特殊主题或是技术创新的标志，而对整体意识和历史延续性重视不足。在英国和美国也出现过类似的情况，对重工业和技术创新的重视，促进了对工业遗产的定义，但这种对工业的英雄式展示，大部分是男性的，受到了“源自下层的历史”的挑战，促使人们开始考虑小型工业、工作经历以及女性的参与。

对于工业遗产的英雄式的展示，总是把重点放在大企业身上，而这只能是工业文明的一部分。而那些存在时间较短与著名无缘，但是与普通人息息相关、影响了人类发展的遗产却被忽视。如中国改革开放进程中并非仅有体现民族自豪感的名牌企业和先进企业，20世纪80年代起始的手表、纺织、服装、玩具等“三来一补”企业，是全球生产体系和工序再分配的产物，是中国现代化和工业化进程的重要一环，但是这些工业遗产却被忽视，逐渐消失。在全球化大背景下，中小企业对工业化的贡献值得关注。而中国工业化历程较短，工业企业的淘汰速度很快，因此完整记录这一短暂历程中各种类型的工业遗产，对于中国和世界的工业文明历史都具有重要意义。另外，遗产不仅仅是静止的和死去的东西，现在仍然活着的工业遗产应该被关注。

工业遗产保护中有一种“孤岛式”的选择倾向，造成了工业遗产与周围社区的分离和割裂，形成了二元对立的“孤岛效应”，仅注重形式不注重工业文化内涵的传递。静态化的保护方式，是单一的展示场所，以城市遗产公园或遗产博物馆形式存在，是历史上某一特定时期的“标本”，是一种“冻结化”（Freezing）的静态保护方式，反映一种过去某段时间已经完结的文化过程，遗产变成了被人们“精心呵护”的文化孤岛。遗产与周围环境分隔开，缺乏整体的保护。碎片化的和博物馆式的保护，影响工业遗产的代表性和真正价值意义。这些工业遗产的孤岛，会对周边和其他工业遗产资源产生巨大的阴影效应。如何选择工业遗产以实现工业文明代表性，既注重物质遗迹的保存，又发挥非物质文化遗产的纽带作用，是一个需要深入研究的重要问题。

双重属性的共生和矛盾，直接影响了工业遗产的现实命运。由于双重属性和价值多元化，工业遗产的存留受意识形态、社会文化、经济、制度等多种复杂因素影响。从遗产的角度而言，遗产化是一个被生产和消费的过程，被资本、话语权、媒体力量建构而成，观念、价值认定、评定标准、管理、法规等外部因素同样会将这种影响传递到遗产本身。首先，工业遗产成为旅游开发、经济发展和乡村城市复苏的重要战略要素，成为资本经济中强大的遗产和文化产业，因此经济因素对工业遗产的留存具有重要影响。其次，工业遗产具有不同于传统遗产的特殊性，时间因素、个人感知、美学偏好、对历史和遗产的高度简化视角，最终决定了什么是值得保护的。工业遗产作为工业文化的代表，往往和生产过程相关，缺少浪漫主义的美学内涵，会引起环境的退化和景观破坏，被视为肮脏的、黑暗的、过时的东西。人们认为工业带来污染，是丑陋的，应该被遗忘，甚至不留一点痕迹。此外，工业遗产虽然归属于文化遗产，但概念界定模糊不清，缺乏制度化保障，认定和评估标准尚未达成一致，造成了遗产化过程中的高度选择性，也直接影响了再利用的针对性和分类指导操作。

二、消费主义需求与工业遗产黑色属性的再诠释

消费主义的需求带来了文化商业化，使资本推动工业遗产被保留和再利用。

工厂的机器设备和厂房与文物古迹有所不同，缺乏传统意义的美感，保留原有功能和原貌较为困难，主要通过再利用的方式保存下来。

因此，工业遗产的功能转换和再利用具有非常重要的现实意义。工业遗产作为一种符合后现代特点的资源，在再利用过程中与现代服务业的联系非常紧密，如著名的北京798艺术区，上海的苏州河、新天地、8号桥，广州的白鹅潭酒吧一条街、太古仓码头等都是工业遗产改造再利用的典型案例。而在工业遗产再利用的各种方式中，旅游是一种重要的可持续发展途径，对特殊兴趣的旅游者具有吸引力。工业遗产再利用能够促进资源枯竭型地区的转型，有利于工业遗产的保护和工业文化的传承，带来经济、社会生态的综合效益，具有深远的意义。

这种对工业遗产的消费主义改造和再利用方式，伴随着全球化浪潮，成为席卷世界的时尚之举，被不断地推广和复制，同样也深刻地影响着中国。然而消费主义和全球化也破坏了文化传统的地方性和多样性，同时推广了精英阶层的消费观念，使工业遗产再利用成为所谓的“城市空间绅士化过程”的一种形式。工业遗产创意集群与城市更新有关，文化产业及创意产业园是都市再生、城市空间转型的一种形式。在艺术家的引领下，工业地由原来的工业生产空间转变为文化消费空间，变得更加美学化和景观化，从而更具有旅游吸引力。

工业遗产的建构过程也是一种商品化的过程，在这一过程中，涉及中产阶级化和商品化，原来的产业工人和新来的白领阶层发挥着不同的作用。在工业遗产的建构过程中，对工业历史进行了重新解释，使其脱离了黑暗的一面变得相对无害。工业遗产具有二元性，光鲜的和黑暗的内涵同时存在，那些烟囱中冒出的烟一方面可以被称为美好的、现代化的、进步的，另一方面也可以被认为是污染、压制的。这种二元性不仅仅影响着曾经或现在的产业工人，同时也影响着工业化社会中的每一个人。过去是被社会建构的集体记忆（Collective memory），遗产的认定和诠释是高度选择性，一些黑色遗产被刻意过滤掉。工业遗产选择过程中，保留下来的都是被清洗干净的，那些黑色工业遗产（Dark industrial heritage）和黑色要素被剔除，例如工业的污染、战争中的作用等。

三、艺术创意区与工业遗产的艺术化处理

工业地强调实用性与审美性的结合，具有特殊的工业美学特征，与当时的生产力水平密切相关，承载着工业化的进程和技术发展轨迹，凝聚着工业时代的人文价值和历史记忆，这种特殊的美体现在具有鲜明时代性的生产材料和生产工艺中，是技术美、机器美、时代美。因此，工业地和工业建筑以其特殊的美学特点，吸引了艺术界的目光，成为被艺术审美所建构的崭新的“艺术品”。例如，在向后工业化社会过渡的背景下，发达国家衰落的老采矿业和工业地区，文化和环境成为未来发展的关键要素。对于自然资源从生产性使用转为非生产性使用，形成了欧洲经济重组和后福特模式（Post Fordist）的社会准则、后福特模式下的经济增长模式。自然资源被重新定义，不再是产品生产过程的物质投入，而是以体验娱乐和美学目的的文化资产。

艺术与工业的结合始于20世纪中期的美国纽约苏荷地区（SOHO，South of Houston Street），最为知名的便是SOHO和LOFT，苏荷区位于曼哈顿西南，占地约0.17平方英里，是19世纪后期纽约的工业区。现存50幢铸铁式多层建筑是1869—1895 年以独特精致的铸铁工艺建造而成的。这些建筑拥有开敞式的高大空间，多用于轻工业，如制衣、剖光、洗衣和

家具制造等的生产和交易。

第二次世界大战后制造业逐渐被金融业所取代，这些建筑也逐渐废弃。由于厂房的空间高大宽阔，空间可分隔性良好，可以被改造为居住、创作、展览等多种用途，且房屋的租金相对较为便宜，因此吸引了纽约的艺术家们，他们把厂房改造为生活空间和艺术工作室（即LOFT）。艺术家将废弃工业场所改造为艺术工作室、画廊、文化交流中心等艺术机构，之后又吸引了餐饮、服务和娱乐等第三产业的加入，此后进一步带动了房地产行业的发展。

LOFT最初仅代表仓库或工厂的上部楼层，为工业用途而建造的，即"房屋中的上部空间或工商业建筑内无隔断的较大空间"。现在的LOFT逐渐演绎为由仓库或厂房改建而成，用于家庭居住、办公、展览的生活空间，是工业空间和其他功能混合。LOFT的影响渗透到其他领域，内涵和外延不断扩大，甚至已经成为一种文化现象。SOHO和LOFT在柏林、伦敦等城市都出现过。

20世纪60年代，苏荷区在快速的城市更新中，曾被规划为快速干道，列入拆除计划，经过大规模的市民运动，才得以继续保留，并成为世界上第一个由工业区转变而来的保护区。艺术家们自发的保护和再利用行动，促进了工业地和工业建筑的保护和再利用，使其得以保留并逐渐遗产化。20世纪70—80年代，经济衰退和城市内部贫困化的现象促使人们开始反思城市更新运动，城市复兴和建筑保护思潮在全球范围内得到发展，工业建筑的再利用模式获得赞誉。例如建于1918—1920年的美国亚历山大老鱼雷工厂，被改建为鱼雷艺术中心，包括艺术家工作室、画廊、博物馆、商店和艺术学校。此后，工业区改造为艺术区的例子越来越多，从德国鲁尔的区域一体化综合模式，到伦敦、比利时等地工厂码头的单体改造，艺术与工业成功地结合在一起，成为新的文化现象和风潮。

20世纪末以来，苏荷模式也开始影响中国，北京、上海等大城市的艺术家们开始了对工业区改造再利用的实践探索。北京798艺术区是最有影响力的开端之作。798艺术区位于北京朝阳区大山子地区，是原国营798联合厂的电子工业厂区。该厂建于1951年，1989年起经济效益下滑，职工下岗，开始出租部分闲置厂房。1995年，中央美术学院租用了798工厂的空置厂房作为雕塑车间。此举动被视为798艺术区发展的伊始。之后，艺术家们开始陆续进驻，2002 年达到了一个高峰时期。同苏荷区类似，2003 年798工厂也曾被计划拆迁进行房地产开发，幸而得到艺术家们的争取和政府部门的支持，最终得以保留并成为国家文化创意产业基地。上海曾经是中国重要的工业基地，20世纪90年代开始进行产业结构调整，大批工厂区域成为亟须改造的地区。在此过程中，艺术开始了对工业遗迹的重新建构。老粮库被改建为环境设计公司办公楼；苏州河畔的旧仓库区成为艺术家聚集地；莫干山路50号春明都市创意工业园（M50）吸引了艺术家工作室、画廊、影视制作、艺术酒吧等机构的进驻，泰康路"田子坊"由食品机械厂转型为视觉创意艺术区。由于得到了政府的政策支持, 2004 年起上海先后成立了“8 号桥”等18个创意产业园, 而其中15个是依托工业历史建筑改建的。

艺术创意区对工业遗产的艺术化处理带来了原真性的问题, 例如对上海红坊的商业化再利用, 国内学者持支持态度, 认为是老钢厂的“优雅转身”, 是工业建筑再生的有效途径。而香港学者认为红坊表面上是一个“优先考虑遗产真实性保护的项目, 因文化而充满活力的空间, 看似脱离平凡的生活, 为艺术家们的使用量身定制”。事实上, 红坊“仅选择了一部分进行原真性的遗产保护, 主要是建筑的外表部分, 却粗暴地改变了最能反映工业化精神的空间结构特点, 以最大限度地提高市场化效益”。(如图2-5、2-6所示)

图2-5 上海红坊旧厂房改造的雕塑艺术中心

图2-6 红坊园区极具工业感的金属雕塑

图片来源: https://you.ctrip.com/travels/shanghai2/2143864.html

第三章　工业遗产保护与改造的基本分析

第一节　工业遗产的概念与类型

什么是“工业遗产”？世界上的不同学者和组织机构有不同的看法。联合国教科文组织及其领导下的国际古迹遗址理事会是世界遗产认证的国际权威机构，由世界各国文化遗产专业人士组成，是古迹遗址保护领域唯一的国际非政府组织。该组织成员身份各异，包括有关的建筑师、考古学家、艺术史学者、工程师、历史学家、市镇规划师等。他们借助于这种跨学科的学术交流，共同为保护建筑物、古镇、文化景观、考古遗址等各种类型的文化遗产而完善标准和改进技术。

国际工业遗产保护协会在2003年7月通过的保护工业遗产的《下塔吉尔宪章》中，工业遗产的定义是：“工业遗产由工业文化遗存组成，这些遗存拥有历史的、技术的、社会的、建筑的或者是科学上的价值。这些遗存由建筑物、构筑物和机器设备、车间、工厂、矿山、仓库和储藏室、能源生产、传送、使用和运输以及所有的地下构筑物及所有的场所组成，与工业相联系的社会活动场所，如住宅、宗教朝拜地和教育机构，也包含在工业遗产范畴内。”

按照联合国教科文组织“世界遗产名录”（World HeritageList）中罗列的内容，工业遗产包括了从矿山、工厂到运河、铁路、桥梁等各种形式的工程设计项目、交通和动力设施。著名的德国鲁尔区工业遗址、埃菲尔铁塔、自由女神像、悉尼歌剧院等都是典型的近现代工业遗存。

工业遗产类型的划分，最为常用的分类方法有以下几种。

一、按形成时间划分

按照世界史的分期，自1640年至1917年属于近代，而1917年之后属于现代。按照工业发展历史，真正意义上的近代工业的产生是在产业革命之后。从时间上划分，工业遗产可以以三次科技革命的时间进行划分，18世纪60年代至19世纪70年代为第一阶段，而19世纪70年代至20世纪50年代为第二阶段，20世纪50年代之后为第三阶段。针对工业遗产所产生的阶段的不同，对于工业遗产的保护策略也有所不同，对于第一和第二阶段的工业遗产主要以保护为主，挖掘其历史价值，而对第三阶段的工业遗产则主要以开发为主，利用其经济价值。

二、按遗产形态划分

按照遗产形态划分，工业遗产同样可以分为物质形态工业遗产和非物质形态工业遗产两部分。物质形态工业遗产主要是指以实物形态存在下来的各类工业遗产，包括厂房、仓库、桥梁及办公建筑等不可移动遗产以及机器、生产办公用具等可移动遗产，同时还包括其周边的自然资源和自然环境等附属物。非物质形态工业遗产主要是指各类历史、文化和工业技术资源，包括生产工艺流程、手工技能、原料配方、商号、图文资料、标语口号、发展历史等。

对工业遗产进行保护开发时，应从整体性角度考虑，不能顾此失彼，导致工业遗产整体价值遭到损失。如大庆精神是非物质工业遗产的一种体现；首钢的企业文化也体现为一种非物质工业遗产，而它的高炉则属物质工业遗产。

三、按重要性划分

按工业遗产的重要性划分，工业遗产包括工业文化遗产、工业遗迹、工业遗留三种存在形式。工业文化遗产是指工业发展史上具有重要意义的物质遗产，应该通过原真性展示方式，以博物馆形式作完整的保存。工业遗迹是指历史文化价值略低于工业文化遗产，具备较大的保护性再利用空间，在保留基本风貌和部分原貌基础上，适合以艺术创意园区形式进行再利用。工业遗留是指大量的城市工厂废弃场地和工业设备，其中的历史文化价值相对较低，甚至没有价值。为了充分利用宝贵的城市土地资源，工业遗留应该整体推倒重建。

第二节 工业遗产保护的价值

一、工业遗产具有重要的历史研究价值

人类历史上的以机器文明为特征的大工业生产体现了人类生产方式的根本性转变，保存和研究这些体现人类历史转变证据的意义被广泛接受了。从18世纪开始人类使用机器进行生产活动对人类自身的生活方式产生了巨大的改变。伴随着社会的制造业的技术和产业格局的变化，作为历史性事件的第一次工业革命尽管慢慢退出历史舞台，但它曾经影响了那么多的人口，也影响了我们所有人的生活状态，并且直到今天这种影响还在持续。这些对体现人类生活转变具有重要意义的物质证据具有普遍性的人类历史价值，保存这种历史证据的重要性也毋庸置疑。这些历史证据包括：以工业活动为目的的构建物，曾经使用过的生产流水线和机器设备，所在的厂区环境和周围环境，以及所有其他有形和无形的显示物。它们都应该被保存和研究，它们的历史应该被讲述，它们的意义和内涵需要深究并且使每个人都明了。不同时代的工业遗产为我们保存了相对应时期的历史文化演变序列,使人类发展历史的记录更加完整。

二、工业遗产具有重要的社会记忆价值

工业遗产见证了工业活动的历史,也会对当下的社会产生深远影响。工业革命使科技、经济和文化方面产生了深刻变化,而工业遗产就是工业文明的物质见证,忽视或废弃这一宝贵遗产就抹去了城市历史中最重要的记忆。美国学者保罗·康纳顿认为,记忆不仅有人的个体记忆,还存在着社会记忆或集体记忆,而工业遗产具有重要的社会记忆价值。建筑给我们提供了时间和空间上的立足点,工业遗产不仅承载着真实和相对完整的工业化时代的历史信息,帮助人们追忆以工业为标志的近现代社会历史,帮助未来世代更好地了解一个特定时期人们的工作方式和生产空间。保护这些反映特定时代特征、承载历史信息的工业遗产,能够振奋民族精神,传承产业工人的优秀品德。而且,保护工业遗产是对民族历史完整性和人类社会创造力的尊重,是对传统产业工人历史贡献的纪念。同时,工业遗产对于长期工作于此的技术人员和产业工人及其家庭来说更具有特殊的情感价值,对它们加以保护将给予工业社区的居民们以心理上的归属感。

工业遗产具有的多重意象构成了群体交往活动记忆的符号和基本材料,工业遗产空间显示的对共同文化的回忆,将不同的人们联系在一起进行相互交流和影响,其具有的象征性意义,犹如一种信念或一套社会习俗,使活动中的个体或群体,能将自身的知识、价值观、心理感知等附加或投射其上,获得一种情感及意义的满足和表达。而且,工业遗产还具有另一种意义——象征的意义。因为人类所需要的不仅仅是物质控制,更需要在日常生活中构筑一种意义感,在转瞬即逝的现象中捕捉意义,从而获得精神上的满足。

三、工业遗产具有重要的文化价值

城市工业遗产的文化价值主要体现在两个方面。首先,作为社会行为与关系的物质化存在,工业遗产既是物质空间,也是行动空间和社会空间,既是人类行为实现的场所,又是对现有社会结构和社会关系进行维持、强化或重构的社会实践的区域。社会结构系统的变迁,使工业遗产的整体演化展示了城市文明不断进步的历程和人类活动及社会变迁在空间上的具体表现。作为文化诉求的展示方式,工业遗产也是一种心理、意义的空间。工业遗产是人类工业文明的载体,也是城市文脉的重要组成部分。工业遗产的保护有助于地域文化和城市文脉的可识别性构建,或有助于企业精神的延续与发扬。尤其在当前国内城市化的进程中,城市面貌同质化现象严重,城市文化沙漠化,各大城市迫切需要构建自身独特的城市文化,对于具有悠久的工业文明历史的一些城市,通过工业遗产的保护,可以形成具有特色的城市文化,也延续了城市文脉。而且,工业遗产也是产业文化发展史的重要物质存在。一些关系到国计民生的重大产业在贫弱的中国从无到有地发展,本身就极具历史意义,工业遗产见证了那些宝贵历史。

四、工业遗产具有重要的审美价值

老工业城市的工业布局和产业发展极大地影响着该城市的城市肌理，不同的城市肌理使城市具有各具特色的视觉特征和性格，城市性格又在潜移默化地塑造着该城市的文化气质。工业遗产建筑因为通常具有巨大的尺度和恢宏的气势，因而在视觉上极具吸引力和冲击力，反映了工业化时代的机器美学特征，每幢建筑就如巨大的机器，表达了现代主义建筑风格初期的建筑空间机器化构建的设计理念。老工业厂房通常具有非常巨大的空间尺度和高度，而且在建筑构件和材料上也具有工业化时代的鲜明特征，如大量的钢构件和暴露的工业管道等。这些空间被改为画廊、艺术创意工作室或休闲餐饮场所后，这些饱含现代主义理性思想和历史信息的建筑空间和构件设备，转化为消费符号，为新空间增添了独特的空间意义和审美价值。

2017年荣获住建部颁发的“中国人居环境范例奖”的武汉市青山区戴家湖公园，曾是工业遗址，堆满煤渣水泥。戴家湖位于武汉老工业区武昌青山区，20世纪50年代初曾是碧波荡漾的天然湖泊，与大自然融为一体，曾经湖面有973亩，自身的环境变化随着武汉市工业发展遭到一系列的破坏，所在场地经历了武钢、青山热电厂等大型工业基地生产，对湖泊的污染和自然环境的人为破坏造成青山区整体生态环境质量低，周边场地的使用功能随着武汉进入后工业时代的发展慢慢消退。2015年，在戴家湖原址基础上，清运粉煤灰80万吨，新种植树木30000余株，这里成为市民休闲漫步的生态公园，除了选址在工业遗址之上，戴家湖公园内的景观设计也有满满的工业特色。从公园大门踏上台阶，就能看到步道两侧的各种雕塑，它们都是使用工厂废弃的钢铁零件制作而成。旧的元素组合成新的形式，有种别样的硬朗之美（如图3-1、3-2所示）。

图3-1　戴家湖公园入口极具工业景观特色

图3-2　钢铁零件制作充满工业美的园区主题雕塑

图片来源：笔者于2019年在武汉青山戴家湖公园自行拍摄

160多年前上海辟为商埠，开始了建立和发展近代工业的漫长历程，留下了丰富的工业遗产，其数量之多、范围之广，质量之精湛，为国内罕见。近代工业体系的建立和发展，是上海由普通县城发展成国际大都市的支柱和标志。早在20世纪30年代初，上海已成为中国轻纺工业基地、金融中心、交通运输枢纽和贸易中心，远东第二、世界第五大城市，中国的近现代钢铁、造船、机器制造、交通运输、军工、电力、煤气、制水、化工、纺织、印刷、粮食加工、烟草、制药、食品等工业，均可在上海找到其起点和发展轨迹。例如上海的老工业区杨浦区，这里的电厂、水厂、煤气厂、纺织厂等都曾经是“中国最早、远东最大”，这些工业遗产被联合国教科文组织有关专家称为“当今世界上最大的滨江老工业建筑群”，包括始建于1882年的杨树浦发电厂，始建于1883年的杨树浦水厂，始建于1932年的杨树浦煤气厂，上海最早的纱厂——始建于 1896年的上海第五毛纺织厂，上海最早的饮料厂——始建于 1864年的正广和饮料厂，上海最大的棉纺厂——始建于1921年的上海国棉十七厂，中国最大的毛纺厂——始建于 1932年的上海十七毛纺厂等。由此可见，上海市的工业遗产质量与数量在国内是独一无二的，具有极其重要的历史、文化、审美价值，这是无比珍贵的物质和精神财富，值得全社会关心和重视。

第三节　中国工业遗产保护与再利用现状反思

相比较欧美国家的工业遗产保护与再利用方式及理念，我国因为国情不同，历史发展过程不同，在目前的工业遗产保护理念上有一定的差别和特色，主要体现在如下三点。

第一，中国工业遗产的保护重建筑轻设备。保护下来的工业遗产很少会有比较完整的大型设备或流水线遗留下来，比如，上海1933老场坊和红坊，车间里面空空荡荡。这是多方面原因造成的。

首先，我国过去从政府到民间，没有工业遗产这个概念，更不要说保护了，等到发现工业遗产的重要保护意义和价值时，为时已晚，原有设备早已不知去向。其次，在过去的几十年里，中国社会和经济发生了天翻地覆的变革，每隔一二十年，就会有重大社会事件或经济领域的升级，历史建筑的使用功能也是随之反复变换，结果，建筑还是老建筑，但室内空间已经被改造过好多轮了，室内格局有的也被大改过，大型工业设备很占空间，在当时又没有利用价值，早就被当作废铜烂铁处理掉了。最后，直至如今，我们相当一部分人还是忽视工业设备及非物质文化遗产的保护，认为只有建筑物才是需要保护的遗产，其实，最能反映工业时代特征的就是当时的工业机器设备了，没有了相关的室内物件和关联的使用功能等的介绍和陈列展示，建筑所能提供的记忆还是太少太抽象。如果把工业遗产当年的功能场景用当今先进的影像技术对游客加以演绎，相信会让工业遗产的价值与意义更加凸显。德国最早的工业遗产保护案例是对多特蒙德市的“卓伦”Ⅱ号、Ⅳ号煤矿“发动机房”的保护，在此后的30年间，鲁尔区有更多的煤钢及其相关企业陆续关闭，其中具有重要历史价值、科学技术价值、社会价值、文化价值的工业场地和机械设施都被作为工业遗产得以保护。在上海M50创意园区，有一个小小场景触动了我，在M50园区内6号楼的一个底层房间内，曾经的信和纱厂配电室，用玻璃隔断的形式保护着一套电源油路总开关和电源分路开关，它们由德国西门子公司制造，从1937年建厂开始运行，电源油路总开关至20世纪90年代新建配电大楼后停止使用，电源分路开关直至2007年才停止使用，安全地连续使用70年，它们的出现让冷冰冰的建筑有了一些故事和情感。

中国工业遗产的保护缺乏主体。在中国工业遗产保护重利用轻保护的氛围中，与工业遗产相关的利益群体有艺术家或商人、开发商、业主、规划管理部门、文化产业发展部门、文物管理部门，各个群体都有各自的利益诉求，一处工业遗产最终的命运和发展道路取决于各方利益的博弈，因此没有谁能预料到一个创意园区的最后发展结果，因为，总是有太多不可测的因素存在，既有客观的，也有人为的，中间存在很多变数。有的工业遗产因为在地理位置上存在稀缺性或阻碍了某个城市重大市政建设项目实施，那么，这个工业遗产的结局就难以预料了。如今成为上海文化时尚地标的田子坊和M50创意园区，在它们的发展过程中，都可以看到民间力量和政府部门的博弈。上海的工业遗产如今是由政府三个部门共管的，分别是文物管理部门、文化管理部门和城市规划部门。而且，中国目前没有为工业遗产保护量身打造的正式法律文件，这也加剧了多方利益博弈的不确定性。

中国工业遗产的保护有“厚古薄今”倾向，即对1840年鸦片战争以来的近代民族工业的工业遗产重点保护，而对20世纪五六十年代的工业遗产价值没有足够的认知。例如1953年中德合作建设的北京798厂区，具有经典的包豪斯建筑风格特色，但也差点被开发商整体推倒，上海M50创意园区也有类似的经历。当然，随着工业遗产的保护价值逐渐深入人心，各地政府对近现代工业遗产开始有了较深认识，陆续在政策法规上加强保护。2005 年3月，北京市人大常委会审议《北京历史文化名城保护条例》时，去掉了“历史建筑”中的“历史”二字，强调今后对文物建筑的保护，将主要考虑其本身的价值，而不仅只依据建筑年代。同一年，成都市的保护法规将保护近现代建筑的时间截至1976年。2007 年12月，北京市规划部门和文物部门共同发布“北京优秀近现代建筑保护名录”，1949年以来的现代建筑入选多达51处、149幢单体建筑，其中“福绥境公社大楼”格外引人注目。20世纪50年代末，北京市各城区分别兴建了一栋带有示范性质的“公社大楼”，位于西城区的“福绥境公社大楼”建于1958年，筒子楼结构，取消了每户独立厨房和卫生间，底层设计了能容纳500人就餐的大食堂，反映了特殊年代人们的社会生活状况。

第四章　国际社会的工业遗产保护热潮

在人类社会发展中，人们对文化遗产的认识总是经历着一个逐步深化的过程，而文化遗产内涵的每一次扩展，对遗产保护的范围也随之扩大。我们由过去单纯地对古代社会历史类文物、艺术品、古建等物质遗产的保护发展到今天的对近现代工业遗产、非物质遗产的一起保护，就是这一认识深化过程的最好证明。

20世纪六七十年代，伴随着西方一些发达国家先后进入后工业社会，国际社会中文化遗产的概念不断拓展，遗产的范畴也逐渐扩大，世界遗产领域呈现新的发展态势。其中，发达国家中蓬勃的工业遗产保护运动对城市的经济与社会发展起了重要的推动作用。

第一节　发达国家工业遗产开发保护改造的历程

两个半世纪以前在欧洲爆发的工业革命，极大地提高了社会生产力，在改变人们生活的同时，也改变了城市的面貌。然而到20世纪五六十年代，伴随着后工业时代的来临，许多传统工业在经济转型中纷纷倒闭，大量工业厂址、工业建筑和工业设备等不断被遗弃和荒废。昔日工业生产的各种基础设备与设施似乎成了城市发展的包袱。经过近半个世纪的历史沉淀，今天，工业遗产作为工业文明和城市发展的见证具有不可替代的“历史标本”的意义逐渐为人们所认识。在发达国家，工业遗产已经成为国家整个文化遗产的一部分而受到保护。

一、从工业考古到工业遗产保护

（一）工业考古的兴起

工业遗产保护活动起源于英国的工业考古学（industrial archaeology）研究。早在19世纪末，工业革命发源地英国就出现了“工业考古学”一词，但一直未被重视，直到20世纪50年代，经历二战后的英国开始大规模的都市重建计划，一些对昔日“辉煌工业帝国”抱有怀念之情的有识之士呼吁对工业革命遗迹进行记录和维护，重新提出这一概念。一位在英国伯明翰大学“工人教育协会”任职的英国人迈克尔·瑞克斯（Michael Rix）在《业余历史学家》（The Amateur Historian）杂志上发表了一篇题为“工业考古学”的文章，文中写道：“作为工业革命发源地的英国，到处都遗留着与工业革命一系列著名事件相关的历史遗迹，别的国家都会建立专门机构来规划和保护这些象征着改变世界面貌的纪念物，但是我们对民族遗产却如此不在意，除了少量的遗产在几座博物馆中保存之外，大多数的这些工业革命的里程碑都遭受忽视或被无故损毁，而没有留下任何文字记录。”

瑞克斯注意到英国布拉克（Black）郡的主要的钢铁产业的快速转型，出于对英国工业革命纪念物的关心，他明智地使用了“工业考古学”这个术语，从而唤起了人们对工业遗产的重视。1959 年，英国考古学会（CBA）建立了工业考古学研究委员会，并且召开了首届学术会议，会上通过了一份向政府提出的决议，由此促进政府做出了一项关于对早期工业遗址进行登记和保护的政策。1963 年，英国考古学会与政府公共建筑工作部（Ministry of Public Buildings and Work）合作建立了“工业遗迹（址）调查委员会”（Industrial Monuments Survey），开始对英国的工业遗存展开调查，产生了一些调查报告和研究成果。虽然这时的调查尚没有一定的方法可循，主题式调查的范围视志愿者的偏好而定，包括灯塔、供水蒸汽工厂、污水排放抽水站等，选择上的弹性非常高，但是由此启动了对英国各郡调查登记在册的工业遗址和纪念地的保护与管理工作。

（二）发达国家的普遍行动

20世纪60年代，英国的工业考古热潮迅速向欧洲其他国家扩展，受到国际社会的普遍关注。20世纪70年代以后，欧洲以外的美国、日本等发达国家也先后兴起工业遗产保护热。一些国家中诞生了工业遗产保护组织，现有的一些历史保护组织也把保护范畴扩展到工业遗产，编辑工业考古的专业刊物，实施工业遗产的保护措施，伴随着工业遗产保护理论的探讨与实践也同时展开。

“工业遗产保护”成为跨入21世纪之前世界文化遗产保护领域关注的重点。联合国教科文组织于1972年举行的第十七次常务会议中以“关怀世界文化与自然遗产公约”之名，开始建立世界遗产提名与保护工作，其中工业遗产也作为被全球社会保护的重要对象。联合国教科文组织这样评述工业遗产的价值：“工业革命极大程度上改变了人们的生活方式和景观环境，大规模的生产方式运用于原材料的获取、矿业和农业产品的开发，其所创造的伟大成就和宏伟构筑物，正是人类创造性天赋的证明。”

如德国萨尔州的弗尔克林根炼铁厂（Voelklingen Lronworks）就是一处典型的工业时代的遗迹（如图4-1所示）。在这里人们能看到划时代的技术发展进程，同时这里也记录着当时人们的日常生活，它代表了劳动与钢铁在整整一个世纪里的历史。为使这类对人类发展历史极具价值的场址免于被废弃或拆毁的命运，世界遗产委员会在此后30多年的时间里先后将一些矿区、工厂和工程等列入世界遗产名录，如英国铁桥峡（Lronbridge Gorge，18 世纪）、苏格兰新纳拉克（New Lanark，19 世纪）、德国弗尔克林根炼铁厂（19 世纪）、德国鲁尔埃森市关税同盟矿区（Zollverein，19 世纪）等。

1973年英国“工业考古协会”（Association For Industrial Archaeology，AIA）成立。同年5月在英国铁桥峡谷博物馆、国立伦敦科学博物馆前馆长，英国国家遗产委员会主席尼尔·科森（Neil Cossons）的倡议下，在工业革命的发祥地之一、世界最早的铁桥所在地——铁桥峡博物馆召开了第一届工业纪念物保护国际会议，61名来自加拿大、东西德、爱尔兰、荷兰、瑞典、美国的学者与英国的政府部门、大学与博物馆的代表参加了会议，引起世界各国对工业遗产的关注。在此前后，西方主要工业发达国家的学术界纷纷成立工业考古组织，研究和保护工业遗产。

1978年，第三届工业纪念物保护国际会议在瑞典召开，会上成立了有关工业遗产保护的国际性组织，即国际工业遗产保护协会（The International Conference of Conservation of the Industrial Heritage，TICCIH）。它是世界上第一个致力于促进工业遗产保护的国际性组织，也是国际古迹遗址理事会工业遗产问题的专门咨询机构。它的会员包括历史学家、技术史专家、博物馆专家、建筑师、工程师等专业人员，以及其他工业遗产保护运动的研究者、拥护者。该组织随即开展了大量工业遗产保存、调查、文献管理及研究工作，通过信息交流推动国际合作，以促进工业遗产保护理念的普及。国际工业遗产保护协会的成立是工业遗产保护的里程碑，使工业遗产得到越来越多的关注和重视。从那时起，保护的对象也明确地由“工业纪念物”（Industrial Monument）转向了更具普遍意义的“工业遗产”（Industrial Heritage）。

随着工业遗产保护热潮的延伸，美国、日本以及法国、比利时、德国等发达国家都出现了工业类遗产的保护热潮，明确将一部分20世纪初的城市工业区认定为历史遗产，并对工业遗址进行普查登记，提倡保护工业活动的建筑、机器与文献资料。早在1969年，美国国家公园管

图4-1　世界文化遗产——德国弗尔克林根炼铁厂

图片来源：http://blog.sina.com.cn

理局（the National Park Service）组建了《美国历史工程名录》（the Historic American Engineering Record, HAER）组织，在调查的基础上首先产生了一份位于美国各州的工业遗址、遗迹的索引卡，在此基础上，再进一步确定哪些工业遗址、遗迹将列为国家重点保护的对象。1981 年国际工业遗产保护协会在法国里昂主办了一个以工业遗产为题的国际学术会议，同年法国当时总统密特朗对工业遗产的保存也提出了新的政策。1983 年在法国文化部的文化遗产局之下，成立了一个工业遗产普查小组，专门负责研究这个新的领域，1986年开始建立工业遗产国家资料库，在登记造册的名单中，有不少上百年老厂、矿井等工业遗产，都被看作工业时代的见证保护起来。荷兰的类似资料库计划也在同年展开，由后来成立的“工业遗产计划局”负责。在比利时，则已经完成了全国各类工业建筑的普查，并出版了普查记录。

这期间，工业遗产保护的概念与内容也不断扩展、深入。1980 年日本“工业考古学会保存调查委员会”完成《全国工业遗产记录工作要领》，其中记录的内容已经包含有关“人”的部分，强调劳动者的知识、技术与经验以及他们那时代的生活与工作。美国在宾夕法尼亚州西南部推行的工业遗产计划：即一项通过一系列工业遗产来纪念该区钢铁、煤矿与交通工业对美国工业成长贡献的社区计划。在法国Roubaix市，开始了工业城市景观的整体保护，工业遗产保护的概念逐渐从工业单体向“工业景观”的概念发展。

这一时期“工业考古学”的学术研究成果主要体现在通过工业物质遗迹对与工业相关的技术发展进行诠释。工业考古学以考古学的手段与方法研究近代工业史，它利用考古学所具有的直观性和通过实物资料研究人类历史的特点，研究所有在工业生产过程中产生的，关于文字记录、人工产品、地层结构及自然和城镇景观方面的物质与非物质材料，它特别强调对工业革命以来物质性的工业遗迹和遗物的记录和保护，还研究技术发展史所包括的工作方式和作业技术。以赞助工程技术史为宗旨的英国纽科门学会（Newcomen Society）1964 年赞助发行《工业考古学期刊》（*Journal of Industrial Archaeology*）来鼓励这个新兴学科。1975 年，美国工业考古学会（SIA）开始编辑出版《工业考古杂志》（*The Journal of the Society for Industrial Archeology*, IA）。英国工业考古协会1976年发行《工业考古学评论》（*Industrial Archaeology Review*），这些是当时该领域影响最大的学术期刊。1993 年，英国伦敦工业考古学会在收集大量考古信息基础上，出版了《工业场址记录索引：工业遗产记录手册》（*Index Record for Industrial Sites*, *Recording the Industrial Heritage*, *A Handbook*, IRIS），制定了工业考古的标准和术语，建立了工业考古的国家标准。1998 年英国伦敦工业考古学会网站建立了数据库，实现了成果的电子化。英国的工业考古学成果为世界工业遗产保护的发展提供了经验。

在工业遗产保护的探索阶段，大量与工业遗产保护有关的实践主要有两种类型：一是以保护工业遗存为主的实践；二是工业遗存保护连同工业地区更新为主的实践。前者如美国

图4-2　改造后的美国巴尔的摩内港夜景
图片来源：http://blog.sina.com.cn

亚拉巴马州伯明翰市的斯洛斯高炉（Sloss Furmaces）的保护，这座代表美国早期钢铁工业历史遗产的大型工业设施在公众的积极努力之下，终于被完全地保存下来。另外，如瑞典保存了几座早期的鼓风炉，以及天使堡（Engelsberg）的铁工厂地产，包括厂主的18世纪房舍与工人宿舍遗迹；后者如著名的德国鲁尔区的地区再造计划，英国伦敦道克兰码头区的更新，利物浦阿尔伯特码头区再生，加拿大多伦多市女皇港旧仓库的改建，美国巴尔的摩内港的改造等（如图4-2所示），这类实践多是缘于城市旧区的再造，目的主要是振兴旧区活力，重现工业地段价值。但在这些实践过程中也包括对工业遗产价值的思考和尝试性的保护措施。

随着工业遗产的日益受关注，一些与工业遗产保护直接相关的国家与民间组织也陆续产生。如德国鲁尔工业区的IBA（国家建筑博览会）、英国英格兰策略联盟（English Partnerships）、欧洲工业与技术遗产协会联盟、英国凤凰基金会（The Phoenix Trust）、英国大伦敦区工业考古学协会（GLIAS）、比利时法兰德斯工业考古学协会、美国技术与工业考古学历史机构（IHTIA）、英国埃克米工作室（ACME Sudios）等。这些组织有自己的工作目标、宗旨和工作方式，在各自领域内为促进工业遗产保护发挥着重要作用。例如欧洲工业与技术遗产协会联盟是一个非营利性组织，旨在促进工业技术遗产的研究、记录、维护、发展、管理与诠释，并且增进欧盟各国在这些领域内的共同合作，该联盟的协会彼此交流咨询、协助彼此的发展计划，也持续争取外部机构的关注与支持。

1993年欧盟成立后，在区域合作的背景下建立了欧洲工业遗产之路（European Route of Industrial Heritage，ERIH）网站，在推动各成员国的合作和交流以及工业遗产保护与利用方面起到了积极的作用。欧洲工业遗产之路的主要职责在于提供欧洲工业遗产旅游信息，记录欧洲重要的工业遗产地，并与废弃的工厂、工业景观、交互式体验的技术博物馆相链接。目前欧洲工业遗产之路共有遍布32个欧洲国家的850多处景点，其中重要景点77处，线路景点202处，一般景点570多处。

二、工业遗产保护形成国际共识

20世纪前后，工业遗产保护在国际范围内形成了广泛的共识。2000 年，联合国教科文组织世界遗产中心在濒危遗产报告中表达了对各类遗产命运的担忧，其中包括一些处于被废弃或被拆除境地的工业遗产。自2001年始，国际古迹遗址理事会与联合国教科文组织合作举办了一系列以工业遗产保护为主题的研讨会，对一些重要工业遗产陆续被列入《世界遗产名录》起到了促进作用。

其中，国际工业遗产保护协会也发挥了重要作用。早在1993 年国际工业遗产保护协会就与国际古迹遗址理事会签署了合作协议，决意携手保护工业遗产。国际工业遗产保护协会首先开始了针对煤矿工业、桥梁、运河遗产、老铁路和“工业城”等一系列工业遗产类型的研究，接着又将研究扩展到有色金属矿场、发电、纺织和食品生产等产业。国际工业遗产保护协会提交的多份针对不同工业遗产对象的专项研究成果都为世界遗产委员会所认可，并逐渐体现在《世界遗产名录》中。如国际工业遗产保护协会组织1999年制定的“国际矿业研究”，分别促成了2000年英国南威尔士的布莱维恩煤矿区和2001年德国鲁尔的关税同盟煤矿工业群列入《世界遗产名录》，2006 年又促成了英国康沃尔采矿工业遗址列入《世界遗产名录》。目前列入《世界遗产名录》的工业遗产中，矿业类相关遗产、水利水运遗产以及交通设施类遗产数量较多，所占比例较大，这一现象与国际工业遗产保护协会针对不同类型的工业遗产进行的专项研究有密切的关联。

2003年7月，国际工业遗产保护协会通过了用于保护工业遗产的国际准则——《关于工业遗产的下塔吉尔宪章》，宪章中指出：“为工业活动而建造的建筑物、所运用的技术方法和工具，建筑物所处的城镇背景，以及其他各种有形和无形的现象，都非常重要。它们应该被研究，它们的历史应该被传授，它们的含义和意义应该被探究并使公众清楚，最具有意义和代表性的实例应该遵照《威尼斯宪章》的原则被认定、保护和维修，使其在当代和未来得到利用，并有助于可持续发展。”

宪章阐述了工业遗产的定义、价值，以及认定、记录和研究工业遗产的重要性，并就立法保护、维修保护、教育培训、宣传展示等方面提出了原则、规范和方法的指导性意见。

2006年4月18日“国际古迹遗址日”的主题是“保护工业遗产”，各国家根据自己的实际情况选择相关主题进行研讨，由此形成世界范围内研究和保护工业遗产的热潮，工业遗产保护向一个新的阶段迈进。2006 年国际古迹遗址理事会档案中心编撰了《工业遗产文献索引》，收录了西方各国语种文章1619篇，这些文章基本都发表于1970—2005年间，是目前国际工业遗产研究文献最全面的索引。

随着世界范围内工业遗产保护共识的形成，工业遗产保护的研究逐步呈现出区域性和与社会发展密切结合的特征，并趋向发展为具有国际影响力的独立学科。英国、美国、法国、德国、比利时、意大利、捷克、匈牙利和日本等发达国家的高校中都已开设工业考古学、工业遗产保护和科学技术史等本科或研究生课程。工业考古成为“公众考古学”的先导，在社会上传播并强化了公众的工业遗产保护意识，推进了民间工业遗产保护的实践。高校中开设工业考古学、工业遗产保护等课程，培养未来工业遗产保护与研究的新生力量，为这一事业长期稳固地可持续发展奠定了基础。

第二节　我国的工业遗产开发保护

我国对近现代工业遗产的认识要晚于西方。在学术上，过去我们的遗产研究大多集中于文化遗产，几乎没有对“工业遗产”问题进行关注，长期以来工业类历史建筑及其机械设备、制造品等仅仅被视为工业文明的成果，却不被认为是“遗产”。虽然1985年我国就成为联合国教科文组织保护世界遗产公约的签约国，但那时对公约的有关工业遗产保护概念似乎还漠然无知。工业遗产进入文化遗产范畴而受到保护，是近20年来我们吸收西方的文化遗产理念，对工业遗产价值的发现与认识所致。

一、工业建筑遗产的民间保护与利用

国内的工业遗产保护经历了同西方发达国家相似的历程：即最初由民间有识之士发起保护和改造利用工业建筑遗产，形成社会热潮，而后影响到政府，促动政府介入并主导工业遗产保护。近代“工业遗产”的概念似乎也是舶来品。20世纪六七十年代，发端于英国的工业考古热潮正在欧洲各国广泛传播，而此时的我国正值政治运动接连不断，十年“文化大革命”与西方国家隔绝往来，工业遗产保护理念并未传入中国。改革开放后，随着国门洞开，我国学界与国际社会的联系交往日益密切，一些有识之士看到了国际遗产界的动态与新理念，将近代“工业遗产”概念也介绍到中国，并在一些历史建筑的改造项目中进行了实践，从而对我国的工业遗产保护产生影响，促使我们跟上国际潮流，与国际接轨。

事实上在民间有识之士将近代“工业遗产”概念引入中国之前，我国工业建筑遗产保护与再利用的行动已经出现，但这仅仅是民间自发地出于旧物再利用的一种传统的节俭行为。譬如，在20世纪80年代后期，青岛的一些停产、破产企业就开始了转移工业设施用途——即保护性再利用的尝试。它们在缺少资金的情况下，保留车间厂房的外貌，只做了简单的改造，就使闲置的工业设施以全新的角色重新进入市场，从而使旧有设施中的大部分得以保

留。原青岛火柴厂改作"利津路小商品批发市场",青岛橡胶六厂厂房改作装饰材料商场。原青岛靴鞋五厂、针织三厂的部分厂房改造成了商务酒店。在经过一段时间的摸索之后,这种尝试更加科学化,被注入了更多的文化内涵。如原青岛丝织厂、青岛印染厂的旧厂房,连同一条污水沟,被改造成集饮食、娱乐为一体的"天幕城",并将青岛市众多历史优秀建筑的立面罗列其中,成为市民休闲生活的绝佳去处;原青岛第二粮库库房、青岛自行车工业公司零件五厂厂房,被改造成为文化市场,用于民间工艺品、字画、文物收藏品交易,并以此为基础,逐步形成了号称"青岛琉璃厂"的昌乐路文化街。

当时国内还没有出现保护近代"工业遗产"的理念,对旧工业建筑的再利用主要是出于建筑可利用的价值本身,并未达到对"工业遗产保护"的文化内涵的认识层面,未上升到"文化遗产"保护这一高度,也没有对工业历史建筑的再利用进行研究与推广,因而青岛这些企业的举措在国内也就没有产生什么影响。人们对遗产的概念囿于时间的限制,并且局限于历史的、艺术的内容,似乎只有考古出土的、年代古老的,或者具有艺术欣赏价值的、有重大社会历史价值的古物才能算"遗产",近代工业建筑与机械设备等未在范围之内。1986年10月在清华大学召开的第一次中国近代建筑史研讨会,会后展开了全国范围的近代建筑调查和研究工作,主要以公共建筑和宗教建筑、居住建筑为主,近代工业建筑作为近代建筑的一个组成部分,虽然也在调查研究之列,但没有作为中国近代建筑研究以及保护的重点。

到20世纪90年代以后,较早接触到西方近代工业遗产理念的建筑设计、景观设计与城市规划领域的设计师开始在国内进行旧工业建筑改造再利用的实践,在东南沿海的几个主要城市首先出现了利用旧工业厂房、仓库等改造而成的文化创意产业园区、工业景观公园以及商务办公楼、餐厅等用途的模式,伴随着旧工业建筑改造再利用实践的成功案例日益增多以及社会有识之士的呼吁,工业遗产概念及其保护理念在中国逐渐传播开来。这里,社会有识之士的努力起了重要作用。北京大学景观设计学院俞孔坚教授在回顾他当年说服广东中山市相关领导时的一段话很能说明问题。

1999年夏天,他走进广东中山粤中造船厂,而此时这个建于1953年的厂"已经倒闭",工厂已经被卖给拆迁商,拆迁费是60万元人民币,只能变卖锈蚀的机器和破烂铜铁获得回报。即便如此,我仍然为厂区内锈迹斑斑的遗存所感动:那船坞、龙门吊、铁轨、烟囱、机器和水塔、20世纪60年代的红色标语、断墙上的毛主席画像,以及精致的木结构车间等等。厂区的空间和氛围把我带离了色彩与繁华的当下,来到熟悉却又陌生的过去。尽管厂区一片荒芜,我却听到时间在倾诉。于是,我将这种倾诉传达给当地城建决策者,探问他:难道这五十年风雨运动的经历、前后几千人的在岗和退休工人的精神寄托、城市生命不可或缺的历史记忆、未来无数城市居民的地方归属和认同,等等,就值这60万元人民币吗?它们是无价的!领导被感动了。于是,中山市花了150万元与拆迁商解除了合同,赎回了被称为"只有烂铜

图4-3　改造前的中山粤中造船厂

图4-4　改造后的中山岐江公园局部

图片来源：https://www.meipian.cn/7j8a753

烂铁”的工厂（如图4-3所示）。随后，登记并封存了废旧的机器，测量并保留了重要的厂房和船坞。通过精心设计，厂区变成了一个魅力无限的公园和美术馆，这一独特的工业遗产公园——中山岐江公园，引入生态恢复及城市更新的设计理念，是工业旧址保护和再利用的一个成功典范，2002年获得美国景观设计师协会颁发的年度设计奖。（如图4-4所示）

俞孔坚教授的事例是许多实践案例中的一个，当时许多人都还没有对工业遗产有认识，要将工业遗产保护起来，与社会精英的努力是分不开的。他们借鉴发达国家的经验，对国内一些工业遗产实施保护与再利用，这些成功的实践用事实向社会宣告：工业遗产可以“化腐朽为神奇”。这些案例有城市工业景观公园、文化创意园区等不同类型，但体现的精神是一致的，即通过对工业遗产实施保护性改造与再利用，注入新的元素，使之成为城市新的空间与产业基地，融入城市经济社会的发展之中。

北京“798”艺术区可谓文化创意园区的典型。798艺术区因北京798工厂而得名。798工厂是20世纪50年代苏联援助中国建设的一家大型工厂，位于北京朝阳区酒仙桥街道大山子地区，由东德负责设计建造，秉承了包豪斯建筑设计的理念。当该厂生产停止以后，经过北京大学张永和教授的改造，一批全新的创意产业入驻，包括设计、出版、展示、演出、艺术家工作室等文化行业以及餐饮、酒吧等服务业。在保护原有历史文化遗物的前提下，他们对原有的工业厂房内部进行了重新设计与改造。由于老工业厂房地处市中心，租金却较为便宜，更由于这些老厂房、旧仓库所积淀的工业文明，能够激发创作的灵感，加之工业建筑开阔宽敞的结构，可随意分割组合，重新布局，因而“798”受到创意产业从业者的青睐。今天，“798”已经成为国际著名的文化产业创意园区。（如图4-5所示）

类似由旧工业建筑改造而成的文化创意产业园区，上海的实践可能并不比北京出现得晚。1998年，中国台湾设计师登琨艳在位于上海市中心的苏州河边四行仓库设立工作室，首开私人对旧工业建筑进行再利用的实践，由此引来了一批艺术家们投入旧工业建筑再利

图4-5　北京798文化产业创意园区室内外实景
图片来源：笔者于2010年在北京798文化产业创意园自行拍摄

用之中。在地方政府与社会有识之士的努力下，一批创意园区先后诞生，从徐汇区建国路的“8号桥”、泰康路的“田子坊”、静安区昌平路的传媒文化园、普陀区莫干山路50号的春明创意产业园区、杨浦区的滨江创意园区、黄浦区苏州河沿岸的“四行仓库”，到长宁区淮海西路上海第十钢铁厂生产车间改造而成的上海城市雕塑艺术中心（“红坊”）、虹口区“1933老场坊”等，都成为上海较为有名的创意园区。从2000年以来，上海市政府先后公布了多批经认定的文化创意产业园区，其中利用旧工业建筑改造而成的创意园区就有60多个。

二、无锡会议政府开始介入并主导工业遗产保护

在各地民间有识之士的工业遗产保护实践促动下，政府开始介入并主导工业遗产保护。2006年4月18日，国家文物局与江苏省政府在无锡举办工业遗产保护国际论坛，会上通过了我国首部关于工业遗产保护的共识性文件《无锡建议：注重经济高速发展时期的工业遗产保护》（以下简称《无锡建议》），并提出了“尽快开展工业遗产的普查和评估工作；将重要的工业遗产及时公布为各级文物保护单位，或登记公布为不可移动文物；编制工业遗产保护专项规划，并纳入城市总体规划；区别对待、合理利用工业废弃设施的历史价值”等具体的措施，以往被忽视的我国工业遗产保护问题提上议程，标志着我国政府的文物主管部门正式介入并主导工业遗产保护的开始。《无锡建议》是近年来我国在工业遗产保护上一个具有里程碑性的文件，它明确了工业遗产的概念、工业遗产的保护内容、工业遗产目前所面临的威胁以及保护工业遗产的途径。

2006年5月，国家文物局又向各省区市文物管理部门发出《关于加强工业遗产保护的通知》，指出“工业遗产保护是我国文化遗产保护事业中具有重要性和紧迫性的新课题”。

《无锡建议》与《关于加强工业遗产保护的通知》的发布，标志着中国工业遗产保护迈出了实质性步伐。在国家文物局的直接推动下，我国的工业遗产保护全面启动，目前已取得的初步成果主要体现在四个方面。

（一）部分重要工业遗产被列为各级文物保护单位（或优秀历史建筑）

2006年5月，国家文物局公布第六批全国文物保护单位名单，江苏南通大生纱厂、云南个旧鸡街火车站、杭州钱塘江大桥、汉冶萍煤铁矿旧址、中东铁路建筑群、黄崖洞兵工厂旧址、兰州黄河铁桥等九处工业遗产项目被列入，加上2001年第五批全国文物保护单位名单中已经被列入的大庆油田第一口油井和青海中国第一个核武器研究基地两处，共有13处近现代工业遗产被列为全国文物保护单位。2013年公布的第七批全国文物保护单位中囊括了数倍于前几批的近现代工业遗存，它们分别属于制造业、采掘业、运输仓储和通信业等产业部门，涉及汽车、船舶、铁路的制造，石油、天然气、煤炭、矿产的开采，食品、纺织、造纸行业，铁路、公路、水路交通等各个领域。包括京张铁路南口段至八达岭段、塘沽火车站旧址、黄海化学工业研究社旧址、开滦唐山矿早期工业遗存、耀华玻璃厂旧址、旅顺船坞旧址、老铁山灯塔、长春第一汽车制造厂早期建筑、铁人一号井井址、上海杨树浦水厂、无锡茂新面粉厂旧址、淄博矿业集团德日建筑群、济南黄河铁路大桥、京汉铁路总工会旧址、华新水泥厂旧址、武汉长江大桥、宝丰隆商号旧址等几十处工业遗存。

对于那些具有非常重要价值的工业遗产，除了被列为全国文物保护单位之外，在地方层面，还有许多被列为省（市）各级文物保护单位。在江苏省内各级地方政府公布的文物保护单位中，有200多处属于工业遗产。如位于南京英商建于20世纪初的“和记洋行”，已被列为文物保护单位。1908年英商建于江北浦口区南门镇的浦口车辆厂，厂区两幢英式建筑也被列为市级文物保护单位。浙江的省级文物保护单位中，也有7处属于工业遗产。

杭州市规划局近年通过普查确定的94处工业遗产建筑，其中41处工业遗产建筑已被列为市文物保护单位和优秀历史建筑遗产，另外尚未列入保护名单的53处工业遗产建筑被推荐为准保护单位。

到2009年4月为止，上海的文物保护单位中属于工业遗产的共22处，其中属于全国文物保护单位的2处（上海邮政总局旧址、怡和大楼），属于市级文物保护单位的3处（杨树浦水厂旧址、佘山天文台、四行仓库旧址），属于区级文物保护单位的17处。上海 632处优秀历史建筑中有40处属于工业遗产建筑。2008 年开始的全国“三普”中，上海又新发现200 多处工业遗产。在以后的日子里，经过评估，将有更多的工业遗产被添列为新的文物保护单位。

2007年12月，北京市政府公布了第一批《北京市优秀近现代建筑保护名录》，其中工业建筑遗产包括北京自来水公司近现代建筑群（原京师自来水股份有限公司）、北京铁路局基建工程队职工住宅（原平绥铁路清华园站）、双合盛五星啤酒联合公司设备塔、首钢厂史展览馆及碉堡、798近现代建筑群（原798工厂）、北京焦化厂（1号、2号焦炉及1号煤塔）共6项，23栋。原宣武区京华印书局旧址、北京印钞厂、西城区平绥西直门车站旧址、崇文区京奉铁路正阳门车站、门头沟天利煤厂旧址等6处属于工业遗产，被列为北京市重点文物保护单位。

在第三次全国文物普查中，天津共登录工业遗产30余处，发现了包括大沽船坞、天津机器局、北洋银元局和造币总厂、久大精盐公司、永利碱厂、动力机厂、福聚兴机器厂、法国电灯房等一批近代工业遗产。天津市政府发布的2013年第1号文件中，公布了第四批天津市文物保护单位名单，其中北洋水师大沽船坞旧址及塘沽火车站、杨柳青火车站、静海火车站、唐官屯火车站等工业遗存均成为天津市级文物保护单位。

在山东青岛，山东路矿公司、小青岛灯塔、西镇（游内山）灯塔以及胶澳商埠电气事务所、日本大连汽船株式会社青岛支店、三菱洋行、三井洋行等旧址和前海栈桥都被列为山东省文物保护单位；原总督府屠兽场旧址、大港火车站等，也作为历史优秀建筑得到了妥善保护。

（二）许多工业遗产已经被列入城市建设发展规划中的保护项目

2006年5月，国家文物局发出《关于加强工业遗产保护的通知》，拉开了全国性工业遗产保护的序幕。各地方政府开始重视工业遗产保护，在进行城市建设的规划中，纷纷把工业遗产保护放在重要位置，尤其是在旧城改造和环境整治中，有了工业遗产保护意识，保护再利用与环境整治结合起来，与整个城市发展结合起来，纷纷出台城市工业遗产保护发展规划，并在实践中实施工业遗产保护再利用措施。如北京市结合2008年奥运会的召开，进行环境整治与改造，制定了《北京奥运行动规划》，把著名的北京焦化厂迁出北京，并对旧厂区进行保护性改造再利用，将北京焦化厂原址建设成为工业遗产公园和文化创意产业园区以及高端服务业为主导的北京城市新的公共开放空间。位于北京石景山区西南部永定河畔的首都钢铁厂，根据《北京城市总体规划（2004—2020年）》，也已从北京城市迁出，首钢原址上经过改造和整治，建设成为新型的城市工业景观园。

上海江南造船厂为配合城市改造与2010年中国上海世博会举办，造船厂迁往上海崇明长兴岛，原址作为2010年中国上海世博会浦西园区，部分保留的旧工业厂房改造利用为世博会展馆。世博会结束后，园区的旧工业厂房被保留，经过再次开发用于新的用途。根据上海世博会场馆后续利用规划，江南造船厂原址将被改造为上海城市一个新的滨水公共文化空间，中国船舶工业博物馆和世博会纪念馆等都将建在这一公共文化空间里。目前这一规划正在实施中。

杭州已编制完成《杭州市工业遗产保护规划》专项规划，并已出台《杭州市工业遗产建筑规划管理规定（试行）》。杭州锅炉厂的两幢老厂房，作为“国际城市博览中心”用房，中心内设立世界城市发展历史馆,用实物和虚拟手段结合,展示城市发展历程。对杭州长征化工厂实施改造,建设成一个创意产业中心——运河天地(文化公园)。浙江杭州石油公司小河油库的保护,结合小河公园建设,保留原来厂房建筑作为附属用房,同时利用架空的构筑物和部分油罐作为公园的景观雕塑予以保留与再利用。位于清河坊大井巷内的胡庆余堂,现有一部分厂房已经改造作为中药博物馆使用。市政府重点支持发展的十大创意产业园之一的"凤凰创意国际",位于转塘街道,其核心启动区为"双流水泥厂",通过选用现浇混凝土、钢构、玻璃幕墙等材质,保留原建筑立面肌理,实现新旧材质"和谐的意外"。其他还有"唐尚433""A8艺术公社"、杭州数字娱乐产业园、"杭丝联166"等创意产业园的建设,也都利用工业建筑遗产改造而成。

河北石家庄市实施"城市面貌三年大变样"工程,至2010年,全市共有48家企业搬迁或转产,其中包括华北制药厂与棉纺一、二、三、四、五厂等石家庄的龙头企业。石家庄市政府对工业遗产采取了一定保护措施,如将华北制药厂的俄式办公大楼、石家庄车辆厂的法式别墅、石家庄电报局营业厅3处具有较高价值的工业遗产列为河北省第五批文物保护单位。又对工业遗产保护进行了统筹规划,对华北制药、棉纺织厂等有典型意义的工业遗产进行保护和综合利用。

以上列举的仅仅是一部分,在各地方政府的"十二五"规划中,包括了许多工业遗产保护项目与内容,许多城市都已将工业遗产列入城市建设的发展规划中。

(三)近现代工业遗产博物馆的建设热潮正悄然兴起

为保护工业遗产,将旧工业建筑改造为工业遗址博物馆(或工业遗产博物馆)不失为一种可行的方法。工业遗产保护的博物馆模式受到青睐,许多城市正悄然兴起建设工业遗产博物馆的热潮。目前已建成开放的近代工业遗产博物馆,据初步统计有无锡的中国民族工商业博物馆、武汉的张之洞与汉阳铁厂博物馆、中国武钢博物馆、上海中国烟草工业博物馆、上海汽车博物馆、北京汽车博物馆、湖北黄石大冶铁矿博物馆、青岛啤酒博物馆、沈阳铁西中国工业博物馆(第一期三个馆已建成开放,原沈阳铁西铸造博物馆被并入)、唐山开滦(煤矿)博物馆、中国铁道博物馆、上海铁道博物馆、哈尔滨铁道博物馆、内蒙古扎兰屯铁道博物馆、云南铁道博物馆、柳州工业博物馆、淮北矿山博物馆、上海纺织博物馆、青岛纺织博物馆、天津纺织博物馆、南通纺织博物馆、沈阳阜新海州露天矿国家矿山公园陈列室(博物馆)、天津北洋水师大沽船坞遗址纪念馆、无锡中国丝业博物馆、杭州中国丝绸博物馆、四川广安"三线"工业遗产陈列馆、贵州六盘水三线建设博物馆、唐山启新水泥工业遗址博物馆、攀枝花三线建设博物馆、张裕葡萄酒博物馆以及密云县首云铁矿博物馆等。在建和计划建设的近现代工业遗产博物馆至少有六七十座,其中包括北京首钢博物馆、重庆工业博物馆、湖北黄石华新水泥工业遗址博物馆、河南遂平县工业旧址博物

图4-6　张之洞与武汉博物馆
图片来源: https://xw.qq.com/cmsid/20200628A05DS100

馆、天津造币总厂旧址博物馆、北京焦化厂工业遗址公园、武汉近代工业博物馆(原武汉张之洞与汉阳铁厂博物馆将被并入)(如图4-6所示)、温州近代工业博物馆、平谷区金矿博物馆、门头沟煤矿博物馆等。在未来的几年中,我国的工业遗产博物馆数量将会有一个较快的增长。

天津大沽船坞是肇始中国造船业的3家企业之一(另两家为福建马尾船厂、上海江南造船厂),曾是北洋水师舰船维修基地,也是经李鸿章奏请、光绪皇帝批准而建的我国北方第一家近代船舶修造厂。1880 年天津大沽船坞开始兴建,在我国近现代军火制造业与造船业史上占有一席之地。

2000年10月28日,在天津市船厂建厂120 周年之际,北洋水师大沽船坞遗址纪念馆在船厂内建成并正式开馆。2006年起,天津滨海新区开始进行大规模的城市建设。设计部门原拟议的中央大道穿越海河隧道建设计划,经过天津大沽船坞地区,将在完整的厂区中间撕开一个大口子,这势必会破坏大沽船坞遗址的完整性。在市政府和国家文物局的直接关心下,经过多次调研,对海河隧道建设方案做了调整,使大沽船坞遗址不受影响。目前,大沽船坞遗址保护规划已经初步完成,改造后的天津市船厂厂房将变成大沽船坞遗址博物馆。

辽宁省大连市沙河口净水厂,其前身是建于1920年的台山净水厂。净水厂内保留有当年的全套净化水设施。有过滤室、混药室、沉淀池、反应池、进水井、配水池、净水池等。过滤室地下一层有管廊,送水泵2台、压力泵1台,地上一层有值班室、过滤室、氯气室;地上二层为2个投药池、仓库等,市政府相关部门计划将净水厂的急速过滤室和泵房旧址建成大连城市供水博物馆。

建于20世纪初的南京下关火车站,1947 年由建筑大师杨廷宝进行设计扩建,是南京著名的近代建筑之一,南京市下关区(现已撤销)政府有关部门计划将其改造为铁路博物馆。

南京晨光机械厂受保护的历史建筑至今依然处于使用状态，有关部门计划将晚清时期的工业厂房建筑辟作中国军事历史博物馆。根据《石家庄市都市区历史文化遗存调查评价与保护研究》的规划设计，搬迁后的棉纺厂旧址，将利用原来的旧厂房以及机器设备等实物，建设纺织主题的博物馆。石家庄市政府对石家庄火车站实施南迁规划，在新火车站建成以后，老火车站将改造成为博物馆。

无锡市正在建设的芙蓉湖公园，将利用该地块内现保留有民国时期的储业公会旧址和新中国成立后无锡市第一米厂、粮食二库、粮食七库的部分旧建筑，结合公园的建设，改建成无锡米市露天博物馆。另外，无锡市政府提出，将利用现存的工业遗存，建设无锡历史上享有盛誉的四大支柱行业博物馆：米市博物馆、丝绸博物馆、纺织博物馆、钱业博物馆。

（四）部分地方制定工业遗产保护和利用的管理政策

目前许多城市都在着手制定工业遗产保护的相关政策法规，各地进展快慢不一，有的地方领导重视，加之专业人才济济，已经出台一些政策，有的地方则正在组织人马，处于这项工作的准备阶段。

北京制定了《北京市工业遗产保护与再利用工作导则》，共十九条，对工业遗产的调查与登录方法、评估标准与认定程序作了明确规定，具有可操作性。对尚未列为文物保护单位的工业遗产，据其价值的不同，分为三个保护等级，采取针对性保护措施，遵循抢救性保护与适宜性利用相结合的原则。并按照“谁使用、谁负责、谁保护、谁受益”的原则，将工业遗产保护的责任落实到具体单位（或个人）。

上海早在1999年《上海市城市总体规划（1999—2020年）》中，政府就明确规定旧产业类建筑必须受到保护，并且将保护的方式定位为“保护与利用相结合”。2002年7月23日通过的《上海市历史文化风貌区和优秀历史文化建筑保护条例》（2003年1月1日起正式实行）中的第九条有与工业建筑遗产保护直接相关的内容。第九条指出，建成30年以上，“在我国产业发展史上具有代表性的作坊、商铺、厂房和仓库”都要受到保护。

武汉市国土规划局编制的《武汉市工业遗产保护与利用规划》（以下简称《规划》）经过公示后获政府批准。根据《规划》，武汉市拟对29处工业遗产进行强制性保护。《规划》根据工业遗产的价值高低，将29处工业遗产分为一、二、三级的保护级别。武汉一级工业遗产共有15处，二级工业遗产共有6处，三级工业遗产共有8处。这些工业遗产将按照文物法规定的文物保护单位管理办法实施严格管理。

无锡市编制了《无锡市工业遗产保护专项规划》，划定了工业遗产的保护范围和建设控制地带，实行前置审批，各区域布局建设，必须以不破坏工业历史文化为前提。无锡市还制定了《无锡市工业遗产保护办法》，使工业遗产保护依法登记、建档，保护措施更加细化、深化、规范化。与无锡邻近的常州市，也完成了《工业遗产保护与利用规划》编制。这些地方政府制定的工业遗产保护专项政策法规，为工业遗产保护提供了依据，将保障各项工业遗产保护措施的落实与实施，促进工业遗产保护事业的发展。

一般在地方政府出台的工业遗产保护管理与政策中，或将工业遗产纳入“优秀历史文化建筑保护条例”，或将工业遗产纳入专项“保护与利用规划”，而杭州市政府出台了《杭州工业遗产建筑规划管理规定（试行）》，目前国内尚无一个城市专门有单独的工业遗产建筑管理规定。杭州出台的管理规定专门针对“工业遗产建筑”，对其他城市的工业建筑遗产保护有借鉴意义。

三、我国工业遗产保护中存在的主要问题

2006年国家文物局发出的《关于加强工业遗产保护的通知》中指出，我国目前工业遗产保护存在四个紧迫的问题。几年来，经过政府各级主管部门与社会各界的努力，工业遗产保护理念引起了社会广泛的重视，工业遗产的状况有所改善，但有些问题依然存在，甚至还出现了一些新问题。主要有以下几个方面。

（一）对工业遗产的认识仍存在误区

国内对工业遗产认识存在的误区主要有几种表现。

一种是认为工业遗产无价值，没有保护的必要。在人们的传统思维中，遗产往往都是“古”“老”“旧”的东西。相比农业社会的遗存，工业遗产多为近现代的产物，有些甚至是当代的，不仅不“古老”，而且其代表的又往往是技术过时的产业，人们往往不将工业遗产和历史文化连在一起。这种认识的不到位，导致一些珍贵的工业遗产不受重视，被随意废弃，在不知不觉中消失。

另一种是截然不同的认识，即工业遗产概念的泛化。根据国际工业遗产保护协会的定义，工业遗产指“工业的遗留物”，是以采用新材料、新能源、大机器生产为特征的工业革命后的工业遗产。在我国，工业遗产的时间跨度是自19世纪后半叶近代工业诞生以来至晚近的这一段时间。从保护的角度讲，这个概念不宜泛化到工业革命以前各个历史时期中反映人类技术创造的遗产，如此才能针对性地采取合理科学的价值评估，并组织有限的财力实施保护。由于对工业遗产概念认识的泛化，我们看到在第三次全国文物普查中，有的地方发现凡是旧工业建筑，不论其如何破旧、有无价值，一概登记要实施保护。其实对于那些十分破旧的、已经丧失历史价值和科学技术价值的工业遗存，完全没有这样的必要。

对旧工业建筑一概排斥，全部否定，或不管破旧到什么程度，一概保留，全都当宝，这两种极端的态度都是不正确的。一点价值没有的东西就不必保留。但问题是谁来评估？评估标准是什么？很多城市尚未有工业遗产的评估标准，人们为了保险起见，宁可将所有旧工业建筑都看作有价值、需要保护的工业遗产来对待，也不愿意有漏掉的。如此必然造成工业遗产的扩大化，有矫枉过正的色彩。

还有一种表现是偏重于保护工业建筑类物质遗产,不重视工业机器设备等,使工业遗产保护存在不平衡倾向。我们看到目前我国的工业遗产保护,普遍偏重对于以工业建筑为主的物质保护,例如主要对于厂房、仓库、码头等不可移动文物。而对于其他与工业不可分割的原工业构建物、机械设备等可移动文物的保护,则非常薄弱,更遑论对于产业的工艺流程、生产技能等非物质文化遗产的保护了。究其原因,可能有两方面:一是认识上的原因,二是我国工业遗产保护的参与者最初是城市规划部门与建筑业人士。工业遗产的物质形态主要是建筑(生产厂房、办公楼、车间、仓库)及其设备、构建物、生产物等,由于以前尚未认识工业遗产的价值,企业在搬迁(或拆迁)时,首先将落后的生产机器设备等可移动的物品先处理掉(如出售给当地的废品回收站或公司)。由于工业建筑的不可移动性,工业建筑遗产就被侥幸留下。先期的城市土地开发,破坏了大量的旧工业建筑,后来认识到要保护工业建筑遗产时,那些尚未被拆除的工业建筑遗产就不允许被拆除,由此而受到保护,而可移动的物品则早已被处理了。

我国的工业遗产保护肇始于民间有识之士自发起来改造与再利用工业建筑遗产,由于学界中历史学(工业史)、考古学(工业考古)以及文物部门的缺位(未参与),导致工业遗产保护成了建筑界、城市规划界唱主角的局面,结果是工业遗产保护几乎成了旧工业建筑保护,重要的工业机器设备、生产物几乎都没有留下——这是不完整的保护。后来国家文物局出面组织包括工业遗产在内的全国文物普查,并计划制定与出台相关的工业遗产保护政策与措施,应该开始实施完全的(或完整的)保护。只有尽可能地将机器设备、生产物以及工艺流程、生产技能等一并保护,才能保存与复原我们整个工业的历史记忆。

北京798区域已是著名的文化创意产业园区,对工业遗产的保护与再利用,成绩应当肯定,但是在一片赞扬声中,还留下一件遗憾之事,那就是没有建设一座工业遗产(或遗址)博物馆。该区域有20世纪50年代东欧国家援助中国建设的工厂,那时属于先进的技术设备,是历史的见证,有其特定的历史价值。20世纪90年代中期,对该区域实施改造之时,人们不够重视工厂的机械设备、产品等,还没有工业遗产博物馆的意识,以为工业建筑可以再利用,而机械设备等都是老旧的,属于被淘汰之列,没有再利用的价值了。于是将工业机械设备等废弃,即使有几件被认为是可以保留的机械设备,也是放在露天的工业厂房门口或旁边作为环境装饰的点缀而已,不加任何保护措施,任其风吹雨淋,生锈烂坏。实际上有些机械设备是可以收集并保护起来的,但当时的人们没有这种认识(或至少是很单薄的),未能及时收集与保护,许多重要的机械设备都被当作废铜烂铁卖掉处理了,留下了今天永远的遗憾。

在798艺术区之后,人们对北京焦化厂改造再利用就不同了。清华大学建筑学院刘伯英教授主持这一改造与再利用项目,规划中就有将一些重要的工业建筑与生产设备保留的计划,因而能够使之较为完整地保留下来,使北京焦化厂成为一座工业遗址公园,生态环境得到改造,工业厂房与机械设备完好保存并展示,与自然生态融为一体,形成新的景观,成为城市新的文化空间，成为市民休闲的好去处，成为一座中国式“露天工业遗址博物馆”。刘伯英教授主持的另外一个项目：首钢工业区的改造与更新，也贯彻了这一设计理念。首钢从石景山搬迁后，在原址上的改造再利用规划中，也有建设工业遗址博物馆的计划。现在的工业遗产保护与改造再利用，考虑问题就比较全面周到，表明我们的思想认识已经有了很大的提高。

（二）“建设性”破坏成为工业遗产保护的重要威胁

如果说，在20世纪90年代我国经济产业转型初期大量工业遗产被废弃而遭破坏是人们当时尚未意识到其价值所致，那么，现在工业遗产保护面临的威胁则是“建设性”开发破坏。在巨大的商业利益面前，遗产“保护”的天平被城市房地产开发、GDP政府政绩所压倒。虽然2006年国家文物局向全国发出了《关于加强工业遗产保护的通知》后，工业遗产保护在社会上有了一定的影响，但随着产业结构调整和城市化进程的加快，许多城市的工业遗产保护形势依然严峻，保护工业遗产依然是相当紧迫的问题。譬如青岛纺织业是新中国成立后青岛城市的主要支柱产业，在全国轻纺工业中一直处于领先地位，曾经是“上（海）青（岛）天（津）”并称，“郝建秀工作法”“五一织布法”等先进工作法，在全国产生重大影响。目前青岛的城市建设正实施“环湾保护、拥湾发展”战略，位于城市北部的老工业区成为旧城改造的主要区域，市政府早已制订搬迁该区域110处老企业的计划，包括国棉二厂（原内外棉纱厂）、国棉六厂（原日资钟渊纱厂）、国棉八厂（原日资同兴纱厂）等大型老企业在内，均被列入搬迁名单。到2009年底，青岛9大近代纺织企业中，仅剩下国棉六厂仍保存完好。国棉六厂始建于1921年，1938年重建，是目前青岛纺织企业中规模最大、保存最完整、文化内涵最丰富的近代企业。整个厂区生态环境良好，树木茂盛，空间广阔，厂房建筑设计风格独特，十余栋车间相互连通，犹如迷宫；车间、库房、铁路、电厂、水塔、医院、食堂、办公楼、职工宿舍、俱乐部等基础设施和公共服务设施元素齐全，是青岛纺织工业建筑群的代表。该厂作为青岛城市北部唯一完整的大型近代工业厂区，是工业遗产保护再利用的最佳对象，可是三年之前，还有学者在媒体上爆料，指出该厂还随时有被毁灭的危险。

虽经过全国“三普”调查，新发现的许多工业遗产将被列入保护范围，但距离真正被有效保护起来，还有一段较长的时间，其间要经过工业遗产的整理、价值评估等许多工作环节，如果我们不抓紧这项工作，很多在普查中登记的工业遗产仍将会遭到毁坏。在商业利益的驱动下，许多人会置国家法规政策于不顾，丧心病狂地破坏文化遗产。如2010年江苏镇江发生的一起重大事件——宋元粮仓遗址被开发商镇江城投集团毁坏，又如2012年1月北京东城区文物保护单位——梁思成林徽因故居被拆事件，再次让我们看到，在商业利益面前，文化遗产保护的观念是多么脆弱，即使已经在“三普”中被登记的工业遗产，依然面临着被拆除的危险。有些地方由于未能及时展开工业遗产的价值评定，使“三普”中认定的一些工业遗产未能得到有效保护。如柳州在第三次全国文物普查中对市区87处（个）工业遗产旧址及附属建筑、设施进行了较为详细的普查勘测、登记，初步确认保存较完好的、有较高文物价值的工业遗产旧址、附属建筑及设施24处（个）。但是许多工业遗产在普查之后，由于企业的改制或发展，大量的代表性老设备被回炉或流失异地。

这种现象不仅仅发生在柳州，其他城市中也时有所见。如果我们不及时进行工业遗产的价值评估认定，确定为一定的保护等级将其保护起来，更多的在普查中已经登记在册的工业遗产将很快会消失，其损失将不可估量。

（三）对工业遗产保护实施措施的有效性缺乏评估

一方面，大量的工业遗产等待着我们实施保护措施；另一方面，我们对已经实施保护措施的工业遗产，在保护与再利用的程度、利用的效率效益等方面，还缺乏科学有效的评估机制。有些地方对工业遗产是保护了，但是保护性再利用实施的措施是否有效？是否充分保护与利用了工业遗产？这些还是存有疑问的。

有的地方在工业遗产的保护再利用中，存在两方面的问题：一是出现过于商业化的倾向，二是保护工作做得不到位。如拥有75年历史的中华书局上海总厂旧址（位于上海市澳门路477号），属于上海市政府颁布的“上海市优秀历史建筑”。2000 年以来，社会有识之士多次呼吁在上海建立出版博物馆，利用中华书局旧址改建为出版博物馆是最好的办法，也是对历史建筑的最好保护。然而，2010年6月，中华书局上海总厂旧址已经被改造为“创意产业园”的商业项目，由上海普陀区一家置业有限公司进行开发，改造为酒店、商铺和办公楼。大开间的钢筋混凝土现浇楼盖结构，而要改建成公寓、酒店，必须有小开间私密空间、独立卫浴，必然要在楼体内部设置隔断墙，钻通楼板以通上下水，这必定会“破坏建筑的格局与结构”，违反《上海市历史文化风貌区和优秀历史建筑保护条例》中“优秀历史建筑的使用性质、内部设计、使用功能不得擅自改变”的规定。中华书局旧址的商业化用途改造，作为上海市优秀历史文化建筑被如此保护是不合适的。这种现象不只是上海存在，其他省市也有可能因政府各部门（利益集团）各自为政，或物主过于看重商业利益所致。如北京“798”艺术区前几年发生的业主大幅提升租金逼走艺术家的事件，在一些大城市的创意产业园区也时有发生，这种现象严重阻碍了创意园区的发展，也不利于工业遗产保护。还有的地方工业遗产保护工作不到位，这也应引起重视。如福建马尾船政局是洋务运动时期左宗棠于1866年在福州创办的一所机器造船厂，机器设备与技术力量都从国外引进，在我国近代军事工业史上具有重要地位与影响。今天“马尾船政局”已改为“马尾造船股份有限公司”，工业造船继续延续，厂区内机器轰鸣，吊臂林立，现代厂房、机器设备与近代工业建筑并列，具有极高的历史与景观价值。马尾船政局建筑群中的一些重要建筑，如轮机车间、绘事院、钟楼等，已经被列入全国重点文物保护单位，其中经过精心修复的轮机厂车间被改造为船政博物馆，法式两层砖木结构建筑的绘事院被作为厂史陈列馆。虽船厂门口挂起了“工业旅游”的牌子,似乎已经对船厂工业遗产实施了保护再利用,但偌大一个有着丰富、厚重历史积淀的老厂,仅仅对它的部分区域实施保护是不够的,还有很多工作尚不到位。

首先是遗留的工业构筑物没有充分利用起来。船厂的仓储建筑、船坞、大型机械设备(如大塔吊、龙门吊)等,都没有被充分利用起来。船厂的这些独具特色的构筑物和机械设备,本身风格、样式就具有保留价值,极具滨江工业建筑的景观地标作用。可以结合新的需求,结合环境处理,赋予它们新的功能。如水塔可以改造为江边登高远眺的瞭望设施,一些无实际用途的工业构筑物可以处理成场地上的雕塑,一些管道或设备涂上鲜艳的色彩可形成欢快活泼的氛围,起到改善环境的作用。上海世博会浦西园区的江南造船厂旧址,就保留了一些船厂的机械设备,用作园区的景观装饰,具有很好的效果。

其次是忽视工业遗产的非物质文化属性。根据国际工业遗产保护协会的定义,工业遗产不仅仅指工业厂房和机械设备等物质层面的物品,也包括与工业相联系的社会活动场所(如工人住宅、教堂、学校)等。马尾船政局设立之初即在船政衙门正北面的山上建造了一座天后宫,反映了希望借助海神灵威,保佑船政事业平稳推进的思想。福建是马祖信仰的故乡,天后宫在东南沿海较为普遍,而在福建沿海更是多见,传统的民间文化与船政近代文化的交融,形成马尾船政工业遗产的非物质特征,这在工业遗产保护中应该值得重视与发掘的。

再者是缺乏整体规划和综合考虑。马尾船政局占地600亩,原建筑100多座,包括了办公、生产、教学、后勤等众多机构,今虽部分建筑已遭毁坏,但核心厂区仍在原址,一些工业建筑遗产尚存,部分重要建筑遗产已列为全国重点文物保护单位。这样的工业遗址应该作为一个整体来保护,建设成历史风貌区,以展示马尾船政历史文化风貌和工业化历史的进程。整个遗址区可以规划建设成为一个"船政历史文化与现代造船工业"为主题的遗址景观公园,为开展"工业遗产旅游"提供景观资源。因此,该区域内现存的违章建筑要一律拆除,设立保护区域范围和建设控制地带,进行整体规划建设。

与发达国家相比,中国的工业遗产保护还存在较大差距。发达国家的工业遗产保护是在城市化进程达到很高水平的前提下进行的,虽然也面临自然资源枯竭、传统产业衰败、环境污染严重、贫困和失业等社会问题,但其采取谨慎的态度,循序渐进,运用经济、文化、社会、环境等综合策略,实现了区域持续发展。而中国工业遗产保护是在城市化进程加快,城市规模不断扩大,城市工业用地变得十分稀缺的情况下提出的,没有经历"工业考古"、花大量的时间探寻工业遗存价值的研究阶段,直接进入"工业遗产"的保护阶段,在思想认识上和理论实践上都没有充分的准备,遗产保护意识淡薄,在工业遗产保护中暴露出急功近利、简单浮躁的工作态度,管理体系不清、缺乏自主创新的活力。诚如国内学者所指出的,工业遗产保护在世界文化遗产保护中是一个"新生儿",在中国更像一个"早产儿"。中国的工业遗产保护如果要赶超发达国家,还有很长的一段路要走。

第五章　工业遗产的价值构成和评价标准研究

工业（建筑）遗产价值构成是对客观存在的工业遗产价值和工业建筑遗产价值的系统归纳和总结，它不仅是对工业遗产价值的基本界定，也是对工业建筑遗产价值的基本界定。对工业（建筑）遗产的价值构成进行研究是建立工业（建筑）遗产价值评价体系的首要工作。

第一节　遗产的价值构成研究

工业（建筑）遗产是建筑遗产的一种特殊类型，而建筑遗产又包含在文化遗产中。因此，要分析工业（建筑）遗产的价值内涵和价值构成，必须首先对文化遗产、建筑遗产的价值构成及特征进行研究。

一、文化遗产价值构成

英文的“遗产”（Heritage）一词起源于拉丁语，意为“父亲留下的财产”，但是至20世纪后半叶，其内涵和外延均发生了较大变化。“遗产”的内涵发展成为“祖先留给全人类的共同的文化财富”，“遗产”的外延也从一般的物质财富扩展至人类文明的全部内容。根据世界遗产保护领域的权威文件——《保护世界文化和自然遗产公约》（以下简称《公约》），遗产根据其成因：是地球演变的遗留，还是人类行为的遗留，可划分为自然遗产（Natural Heritage）和文化遗产（Cultural Heritage）两类。从其划分依据不难看出，相对于自然遗产，文化遗产的价值要求和遴选条件对于工业遗产的价值分析更具有参考意义。

文化遗产指的是能够见证人类在文明进程中进行的创造活动的有价值的遗留物，它包括物质文化遗产（Physical Heritage）和非物质文化遗产（Intangible Cultural Heritage）。

物质文化遗产是“有形”的文化遗产，它包括文物、建筑群和遗址三类。非物质文化遗产是“无形”的文化遗产，它主要是以人为核心的技艺、经验、精神等活态文化遗产。无论物质文化遗产还是非物质文化遗产，都具有历史、艺术、科学、技术等方面的价值，而后者较之前者则包含了更多文化和社会等方面的价值。

文化遗产申报的门槛条件共六条，综合了物质和非物质文化遗产的价值特征。每一项门槛条件都特别体现了文化遗产一个或几个方面的价值特征，并且体现了对遗产价值评价时的侧重点，申报遗产地至少具备其中一条特征时方可获批为世界文化遗产（如表5-1）。

表5-1 世界文化遗产门槛条件及对应价值

序号	门槛条件	价值	销重点
1	代表一种独特的艺术成就，一种创造性的天才杰作	艺术价值	代表性
2	能在一定时期内，或世界某一文化区域内，对建筑艺术、纪念物艺术、城市规则或景观设计方面的发展产生过大的影响	文化价值、科技价值	代表性
3	能为一种已消逝的文明或文化传统提供一种独特的至少是特殊的见证	历史价值	初缺性
4	可作为一种建筑或建筑群或景观的杰出范例，展示出人类历史上一个（或几个）重要阶段	历史价值、科技价值	代表性、普适性
5	可作为传统的人类居住地或使用地的杰出范例，代表一种（或几种）文化，尤其在不可逆转之变化的影响下变得易于模范	文化价值	代表性、脆弱性
6	与具有特殊普遍意义的事件，或现行传统，或思想，或信仰，或文学艺术作品有直接或实质的联系	文化价值、社会价值	普适性

二、建筑遗产价值构成

作为文化遗产的一种类型，建筑遗产是一种人类创造的物质文化遗产，它以建筑物（或构筑物）为表现方式。要成为建筑遗产必须满足两个条件：一是必须具有一定的历史，二是必须具有一定的价值。

关于建筑遗产的价值，国内外学界均进行了大量的研究和探讨，成果丰厚。

（一）国际方面

早在1902年，奥地利艺术理论家李格尔在其文章《文物的现代崇拜：其特点与起源》（*The Modern Cult of Monuments: Its Character and Its Origin*）中，将文物价值归纳为纪念性的价值和当代价值两大类，其中前者又分为年代价值、历史价值、有意为之的纪念价值；后者又分为使用价值、艺术价值和创造的新价值。

1994年，英国学者贝纳德·费尔登在其著作《历史建筑保护》中建立了历史建筑的价值评价体系。在该评价体系中，他将历史建筑的价值按照优先级划分为文化价值、情感价值、使用价值（当代社会—经济价值）。

俄国学者普鲁金（O. H. Prutsin）将建筑遗产的价值分为历史价值、艺术—情绪价值、科学—修复价值、建筑美学价值、城市规划价值和功能价值，并对每项价值进行了阐释。

1999年，澳大利亚《巴拉宪章》将遗产价值划分为美学价值、历史价值、科学价值、社会价值四大类，这一分类成为目前学界认可度最高的建筑遗产价值分类。

2000年，经济学学者戴维·思罗斯比（David Throsby）在其著作《经济学与文化》中，认为遗产的价值可以分为经济价值和文化价值两部分。

这些价值分类和解释分别体现了研究者的不同着眼点和侧重点，并且在不同的体系中，相同名称的概念，其内涵和外延亦有其自身含义。

（二）国内方面

《中华人民共和国文物保护法》（以下简称《文物法》）将文物划分为可移动文物和不可移动文物，其中后者中的绝大多数为建筑遗产。因而，在对建筑遗产的价值进行评价时，常采用或借鉴《文物法》对文物定级时依据的价值标准——历史价值、艺术价值和科学价值，俗称“三大价值”。这三大价值概括了文物的核心价值，但其文物的价值内涵非常丰富。值得一提的是在这三大价值中，历史价值被置于首要位置，反映了文物的物证价值的重要性。除了直接运用文物价值分类对建筑遗产进行价值分类，学界还探讨了建筑遗产和文物的区别以及建筑遗产自身的价值特点。如宋刚、杨昌鸣将近现代建筑遗产价值分为基本价值和附属价值，基本价值即为《文物法》中的“三大价值”，附属价值则包括了文化情感价值、环境价值和物业价值。王一丁、吴晓红则认为建筑遗产的价值应包括五个方面，分别是历史价值、艺术价值、科学价值、使用价值和风貌价值。这五项价值的前三项为建筑遗产的基本价值，亦来源于《文物法》的“三大价值”，后两项为建筑遗产不同于文物的独有价值。秦红岭将建筑遗产的价值要素归纳为历史的、艺术的、科学的、文化教育的和经济的共五项价值要素，其中前四项为遗产的文化价值，后一项为文化价值的衍生价值。即经济价值并非建筑遗产自身所固有的非依赖性价值，只有在建筑遗产具有文化价值时，才能衍生出经济价值。

可见，目前学界公认建筑遗产首先具有文物的“三大价值”，而后还应具有自身的特殊价值。这些特殊价值一般侧重于强调建筑遗产的文化属性，并且在这些特殊价值中，经济价值处于边缘状态，不是建筑遗产价值构成的必要项目。

第二节　国际工业遗产价值构成研究

20世纪50年代工业考古学的诞生开启了工业遗产研究的序幕，经过60余年的发展，国际社会和学界对工业遗产价值的认识逐渐深入和清晰，其研究成果不断积累和创新。这些成果一方面体现为工业遗产研究的标志性国际宪章，另一方面则体现为西方发达国家制定的工业遗产价值评价标准。

一、基于国际宪章和文件的工业（建筑）遗产价值构成

尽管工业遗产研究发端于20世纪50年代，但直到1973年召开的第一届国际工业纪念物大会（FICCIM），国际社会对工业遗产的关注度才大为提升。工业遗产研究进入国际化阶段的标志是1978年国际工业遗产保护委员会的成立。它是全球第一个致力于工业遗产研究和保护的国际组织，后来国际古迹遗址理事会将其作为自己的咨询机构，专门提供工业遗产研究方面的建议。由此，工业遗产研究成为全球文化遗产保护工作的一个有机组成部分，国际社会对工业遗产的重视程度逐年增加。在此基础上，国际工业遗产保护委员会和国际古迹遗址理事会开始制定专门针对工业遗产保护的国际宪章。从2003年至今，共制定三部专项研究工业遗产的国际宪章——《下塔吉尔宪章》《都柏林原则》和《台北亚洲工业遗产宣言》。

（一）《下塔吉尔宪章》

作为全球首个专门针对工业遗产研究和保护的国际宪章，《下塔吉尔宪章》（以下简称《宪章》）首次给出了工业遗产的明确定义，指出工业遗产的记录、研究和价值认定的重要性，并对工业遗产的立法保护制定了原则和规范，提出了方法和其他的一些指导性意见。

《宪章》还初步界定了工业遗产价值的内容。它对工业遗产价值的论述共四条。第一条论述了工业遗产所具有的历史价值。《宪章》指出，人类工业活动对整个人类社会的发展都具有重要影响，作为这些活动的直接见证，工业遗产的价值首先在于其历史的见证价值。《宪章》还强调工业遗产的这种历史价值不在于某个案例的特殊性，而在于它对于全人类都具有普遍意义的价值。第二条指出工业遗产作为普通人生活的一部分而具有社会价值，因为生产、工程、建筑方面的需求而具有技术和科学价值，因建筑设计和规划方面的原因而具有美学价值。第三条指出了工业遗产具有非物质部分，并且这些非物质部分也具有自身价值。第四条指出特别类型的工业遗产因其稀缺性而价值增加。

《宪章》的重要意义在于，它首次认定历史价值、社会价值、科学技术价值和美学价值是工业遗产的四项基本价值。其中，历史价值处于优先地位，后三项价值作为并列项目。尽管《宪章》并未对每种价值的内涵作更多探讨，但它作为工业遗产价值研究的起点，为后续研究建立了基本框架。

（二）《都柏林原则》

《都柏林原则》（以下简称《原则》）全文共14条，除了开篇2条分别对工业遗产的定义进行界定以及对工业遗产的特征属性进行强调外，其余12条分属四大部分。其中第一部分（共3条）即论述了如何记录和理解工业遗产的结构、位置、区域和景观的价值。《原则》在《宪章》的基础上进一步强调了工业遗产非物质成分的价值，这些非物质成分的价值分散于工业遗产的艺术、技术和文化价值中。特别是在传统产业中，工人的技术和操作知识是一项

非常重要的资源，在对遗产价值进行评估的过程中必须将其包含在内。《原则》还强调应将工业遗产置于特定环境中来评价其价值，并且工业遗产的景观也作为一个独立项目成为价值评估时的考察对象。可见，相对于《宪章》，《原则》对于工业遗产价值的分析更加详细和深入，是对《宪章》的深化和补充。

（三）《中国台北亚洲工业遗产宣言》

《中国台北亚洲工业遗产宣言》（以下简称《宣言》）进一步强调了工业遗产的文化价值。工业生产的技术、机械操作、知识，甚至工作人员都是工业遗产的组成部分，具有相应价值。《宣言》还指出，亚洲工业遗产有别于其他地区的工业遗产，对其价值的认定有其自身特点。首先，亚洲工业遗产蕴含着人与土地的关系，并且这一关系极其深远和强烈，因而在价值认定和保护上应注意到亚洲工业遗产的这种特殊的文化价值；其次，亚洲工业遗产中的大部分都与殖民势力和文化输入有关，这些文化遗产都具有价值，应予以保留。

二、西方典型的工业（建筑）遗产价值认定标准

在工业遗产研究领域，西方国家一直处于领先地位，其中尤其以英国为代表。研究英国的工业遗产认定标准对于我国工业遗产的价值研究意义重大。

英国的遗产价值评定分三个层级：最高级别为“英国遗产”对文化遗产的价值分类；第二层级分多个类型和体系，其中国家层面最主要的两个体系是“在册古迹”和“登录建筑”（Scheduling Monuments and Listing Buildings）对各自体系研究对象的总体价值认定标准；第三层级是“在册古迹”和“登录建筑”针对具体类型遗产制定的价值评价导则。

“英国遗产”将文化遗产的价值划分为四类：物证价值、历史价值、美学价值和共有价值，它们构成了文化遗产价值认定的基本框架。

“在册古迹”将考古遗址自然景观或自然与人工共同构成的景观分为18类。“在册古迹”有详细的认定标准，包括总体认定标准和针对各类型遗产的认定导则。“在册古迹”（Scheduled Monuments）将总体认定标准确定为年代稀有性、文献记录状况、群体价值、现存状况脆弱性、多样性和潜力等八项。“在册古迹”将工业遗产分为历史综述和总体标准两部分。历史综述将英国工业遗产分为六个时期进行阐述，总体标准共有八项。

“登录建筑”则主要针对历史建筑和构筑物。它共将历史建筑和构筑物划分为20类。与“在册古迹”相同，“登录建筑”也有完备的总体认定标准和详细的针对各类型建（构）筑物的认定导则。《登录建筑认定原则》（Principles of Selection for Listing Buidings）将总体认定标准分为法定标准和一般原则两项。法定标准分为建筑价值和历史价值两项；后者则包括年代和稀有性、美学价值、选择性、国家价值修复状态五项。除了总体认定标准外，“登录建筑”还将建筑物细分为具体的类型，并对其制定相应导则。对工业构筑物的评定导则的内容包括历史综述和总体标准两部分。历史综述将工业构筑物按四个时期阐述。总体标准也分为八项。此外，“登录建筑”还对工业构筑物进行了分类，并针对各类型的特点对其制定更加详细的导则。

第三节　国内工业遗产价值构成研究

我国工业遗产研究在十年的发展中取得了丰硕成果。作为工业遗产保护与再利用的基础，有关国内工业遗产的价值、研究在逐步开展和深入，这不仅体现在有关工业遗产的各项法律、法规和文件中，还体现在学界对工业遗产的价值构成和对具体城市和地区工业遗产的价值评估的研究中。

一、法规和文件视野下的工业（建筑）遗产价值构成

目前，我国与工业遗产价值认定相关的法规及文件可分为文化遗产价值认定体系和工业遗产价值认定体系两类。其中，前者的范围更大，前者是后者的基本框架，而后者的针对性更强，内容更具体。

（一）文化遗产价值认定体系

目前国内通行的文化遗产价值认定体系为《中华人民共和国文物保护法》（2017年修订，以下简称《文物法》）和《中国文物古迹保护准则》（2015年修订，以下简称《保护准则》）。

《文物法》是我国文化遗产保护的基本法，在其第二条中即指出文物具有历史、艺术和科学价值。这三项价值是我国文化遗产价值认定的基本价值。并且，在这三大价值中，历史价值位于首位。《文物法》对文物历史价值的强调符合文物的固有性质。文物是特定历史时代的产物，具有特定的时代特性。文物的时代性一方面在于文物在其产生的时代所处的位置，另一方面则在于文物可以多维度地反映一定历史时期的人类社会的情况，即人类社会的时代特点，也就是历史性。这种历史性是文物最重要的特点。它使人们得以具体形象地认识历史以及恢复历史的本来面貌。

相对于《文物法》对文物历史价值的强调，《保护准则》则强调了文化遗产的社会外延——社会价值和文化价值。《保护准则》对文化遗产价值评定侧重点的转变与近年来世界文化遗产的价值认定的文化转向一致，即遗产对于地方文化与居民社会的重要影响逐渐受到重视。

无论历史价值还是社会文化价值，都是文化遗产的固有价值。尽管《文物法》和《保护准则》在遗产价值的侧重点上有所不同，但它们提出的基本价值都是文化遗产的固有价值，不以其他价值为前提条件。

（二）工业遗产价值认定体系

2006年4月18日在无锡举办的中国工业遗产保护论坛通过了《无锡建议》。作为我国第一个有关工业遗产的文件，《无锡建议》首次定义了工业遗产，肯定了工业遗产所具有的

价值，指出工业遗产具有历史的、社会的、建筑的、科技的和审美的价值。这是我国首次对工业遗产进行概念的界定和价值的分类，这为之后我国工业遗产的价值研究奠定了基础。

2014年，由国家文物局、中国文化遗产研究院共同主持编制的《工业遗产保护和利用导则（征求意见稿）》（以下简称《导则》）出台。《导则》共分总则、调查、认定、保护利用和管理五部分共24项条款，其中一项重要的内容即为工业遗产的价值评估、认定和分类。《导则》以历史价值、科技价值、艺术价值和社会价值四项基本价值为准则，并依据真实性、完整性、可利用性、稀缺性和濒危性五个因素对工业遗产价值进行定性和定量相结合的综合评估。

《导则》在《无锡建议》的基础上使工业遗产的价值构成更加系统全面，并且针对工业遗产价值的评估建立了可操作的体系。但应当注意到的是，《导则》作为一项全国适用的标准，其价值评估为框架性的评估内容和方法，内容较为宽泛，适用于全国大部分地区的工业遗产的初步筛选，而各城市和地区还应根据各地实际情况确定本地区工业遗产的价值特点，制定详细的工业遗产价值评估标准和评价指标体系，并予以公布。

二、学术研究视野下的工业（建筑）遗产价值构成

国内学界对工业遗产的关注始于20世纪末21世纪初。在2014年国家文物局编制出台《工业遗产保护和利用导则（征求意见稿）》之前，我国学者对工业遗产的价值构成研究已经取得大量成果。总的看来，这些研究将工业遗产价值大致划分为历史价值、科学技术价值、审美艺术价值、社会文化价值、精神情感价值、生态环境价值以及经济价值七个方面。

历史价值、科学技术价值和审美艺术价值无疑是在《文物法》价值框架下的深化。其中，历史价值主要涉及以下几个方面：时间的久远性、时间跨度、与历史人物的相关度及重要程度、与历史事件的相关度及重要程度、与重要社团或机构的相关度及重要程度、在中国城市工业发展史上的重要程度。科学技术价值主要涉及以下几个方面：行业的开创性、生产工艺的先进性、建筑技术的先进性和营造模式的先进性。审美艺术价值涉及产业风貌特征、建筑风格特征、厂区及建筑的空间布局特色和建筑设计水平四个方面。

社会文化价值、精神情感价值和生态环境价值显然是在建筑遗产保护原则下的扩展。

社会文化价值涉及企业文化、遗产对推动当地经济社会发展的作用、与居民的生活相关度以及企业员工的归属感四个方面。精神情感价值可分为情感激励作用和情感认同两部分。生态环境价值涉及自然环境、景观现状和人文环境三个主要方面。

经济价值是工业遗产的一项特殊价值，其特殊性在于其并非遗产的固有价值，而是附加价值，即它只有在固有价值的基础上才能显现，并且其价值的高低也很大程度上依赖于固有价值的高低。因此，对于工业遗产的经济价值，有的学者将其纳入价值构成的整体框架，如刘伯英、刘洋、张健、崔卫华等；有的则未将其纳入价值构成的整体框架，如天津大学中国工业遗产研究课题组、林崇熙等。对于工业遗产的价值研究应首先厘清固有价值的构成，在此

基础上再进行经济价值的分析。

除此之外，部分研究还提出了真实性、完整性、濒危性、唯一性等影响工业遗产价值高低的因素，并将其纳入工业遗产的价值构成，使之与“四大价值”并列。本书认为，真实性、完整性、濒危性、唯一性等特性与历史价值、科技价值、艺术价值、社会文化价值等固有价值在本质上是不同的，不应与之并列成为价值构成的一个因子，而应作为工业遗产各价值分级的标准。

将以上研究与《中华人民共和国文物保护法》《中国文物古迹保护准则》以及《工业遗产保护和利用导则（征求意见稿）》进行比对，可得出如下结论：国内工业遗产的价值构成已达成基本共识，即工业遗产的基本价值包含历史价值、科技价值、美学价值（艺术价值）和社会文化价值四个方面。尽管不同的研究者对这四大价值的表述和概念界定不尽相同，但工业遗产的本体价值由此四部分构成已基本无异议。但目前，学界对于工业遗产四大价值之后的下一层级的价值构成尚无定论，还需根据各地实际情况进行更加深入的研究。

三、工业（建筑）遗产价值评估研究

自《无锡建议》后，我国各级政府开始启动对城市工业遗产的调查和认定，有的城市出台了工业遗产的认定标准。同时，学界也对诸多城市或省份的工业遗产进行了不同形式和深度的价值评估研究。下面以几个重点城市为例，分析当前我国城市工业遗产价值认定研究的情况。

（一）北京

2009年，北京市颁布了《北京市工业遗产保护与再利用工作导则》（以下简称《北京市导则》），指出工业遗产的评估准则是历史价值、社会文化价值、科学技术价值、艺术美学价值及经济利用价值。《北京市导则》参照《保护世界文化与自然遗产公约》对文化遗产的认定方式，设置了五项基本条件，只要满足其中任一条件即可认定为工业遗产。这五项基本条件分别关注了工业遗产的各项价值在稀缺性、唯一性、代表性、先进性、完整性等方面的特性。

在学界，刘伯英、李匡将北京工业遗产的价值划分为“历史赋予工业遗产的价值”和“现状、保护和再利用价值”。前者包括历史价值、科学技术价值、社会文化价值、艺术审美价值和经济利用价值五项。历史价值又分为时间久远和与历史事件、历史人物的关系两项；科学技术价值分行业开创性和工艺先进性以及工程技术两项；社会文化价值分社会情感和企业文化两项；艺术审美价值分建筑工程美学和产业风貌特征两项；经济利用价值分结构利用和空间利用两项。“历史赋予工业遗产的价值”共五大项，十小项，研究者结合北京工业遗产实例对每一大项和小项的内涵都进行了阐释并且还对其进行了量化研究。“历史赋予工业遗产的价值”满分100分，每个小项总分都为10分，这10分都按北京工业发展的历史阶段划分为四个时段，每个时段对应3~10分不等。由此，“历史赋予北京工业遗产的价值”便得以计算。“现状、保护和再利用价值”采用了与之类似的分类和计分方法。作为中国最早的针对具体城市的价值评价方法和体系，北京工业遗产评价办法极具针对性地对具体城市的工业遗产价值进行了分类和计分，探索了评估城市工业遗产独特价值的方法。目前，在行政法律层面，北京工业遗产的认定以《北京市导则》为标准，而学界则以刘伯英、李匡的评价体系为标准。

（二）上海

尽管目前上海尚未出台专门针对工业遗产的保护条例，但对于入选优秀历史建筑的产业建筑设置了筛选条件。这是我国大陆历史建筑保护地方性法规首次提到产业建筑保护。

此外，在2007年的第三次全国文物普查中，上海根据文物的三大价值，确定了215处新增工业遗产。

在学界，同济大学黄琪博士在其博士论文中对上海近代工业建筑的价值建立了定性定量相结合的评价标准。该标准将上海近代工业建筑的价值划分为历史价值、艺术价值、科学价值、环境价值、经济价值和社会及情感价值六项，除社会情感价值外，其余五项各自划分为三小项。历史价值分为城市层面、社区企业层面和建筑本体层面；艺术价值分为建筑造型的地域特征、空间形态的艺术性、细部装饰和装修水平；科学价值分为结构技术、材料特征和施工艺术与工艺；环境价值分为标志性、连续性地区风貌；经济价值分为区位优势性、功能改变的适应性和功能改变的经济性。

（三）天津

2011年，天津市开展了全市范围的工业遗产普查，由天津大学参与制定了《天津工业遗产认定标准（草案）》（以下简称《天津市标准》），并根据《天津市标准》制定了天津工业遗产建议保护名录。《天津市标准》将天津工业遗产价值划分为历史价值、技术价值、建筑价值、景观价值、社会价值、利用价值六项。历史价值总分20分，分“历史久远”和“与重大历史事件或伟大历史人物的联系”两项，各10分。技术价值共10分，不设分项，指的是生产工艺在该行业的开创性、唯一性和濒危性。建筑价值分“具备典型或独特的建筑风格和美学价值”和“建筑结构具备独特性和先进性”两项，各10分。景观价值共10分，不设分项，指的是建筑与结构具备独特的工业景观特征。社会价值共20分，分“凝聚了深远的社会影响与特殊的社会情感”和“独特的企业文化”两项，各10分。利用价值共20分，分“建筑结构具有可利用性”和“建筑空间具有可利用性”两项，各10分。

近年来，天津大学中国工业遗产课题组对《天津市标准》又进行了修正和充实，将原价值构成中的六项基本价值合并和调整为历史价值、科技价值、美学价值、社会文化价值四项。经过调整后的价值构成更趋于科学合理，基本的四大价值与学界共识基本一致，各基本价值的细分以及评价标准尚在充实完善中。

（四）重庆

重庆工业遗产价值研究以李和平和许东风为主要代表。

李和平将重庆工业遗产价值分为历史价值、科学技术价值、社会价值、艺术价值、经济价值、独特性价值和稀缺性价值七项。历史价值分“年代久远”和“与历史事件、历史人物相关”两项；科学技术价值分“行业开创性”和“工程技术水平”两项；社会价值分“社会情感”和“企业文化”两项；艺术价值分“建筑工程美学”和“产业风貌特征”两项；经济价值分“结构利用”和“空间利用”两项。

许东风将重庆工业遗产价值划分为五项，分别为：历史价值、技术价值、社会价值、审美价值、经济价值，在这五项之后又增加了真实性和完整性两项标准。历史价值分“创建年代”和“与重大历史时期、人物相关”两项；技术价值分“标志某行业的开创和领先”和“产品代表当时领先水平”两项；社会价值分“推动当地经济社会发展和城市化”和“企业文化、职工认同感”两项；审美价值分“工业设施景观个性突出”和“建筑造型装饰特色”两项；经济价值分“工业建设投资巨大”和“具有发展文化旅游业等现代服务业的潜在价值”两项。

对两个价值构成进行比对可发现，两者在基本价值构成上基本一致，在各分项方面大致近似，且互为补充。此外，李和平关注了重庆工业遗产的独特性和稀缺性，并将其列为独立价值，许东风则更侧重于遗产的真实性和完整性，将其作为基本价值的补充标准。

（五）南京

2011年，南京市对全市范围内在1978年之前建厂的工矿企业进行了普查，对拟列入工业遗产名录的企业和重点保护的工业遗产企业分别设置了门槛条件和认定标准。门槛条件包括年代（1840—1978 年间建厂）、较为完整的厂区格局以及保存较好的厂区风貌特色和较高质量的建筑。经过确定，共有50多处厂区符合门槛条件，在这50多处厂区中又遴选出14处具有较高价值的厂区成为南京市第一批重点保护工业遗产。其认定标准共四项，是在门槛条件基础上的进一步提高。认定标准要求为：第一，重点保护工业遗产首先必须在相应历史时期内具有稀缺性、唯一性和标志性；第二，该企业在全国同行业内必须具有代表性、先进性和开创性；第三，该厂区必须具有产业风貌特色，建筑格局完整，建造技术先进；第四，该企业能够代表和反映一定时期内南京工业发展和历史。

在学界，邓春太对南京工业遗产价值进行了定性和定量相结合的评估，邓春太等将南京工业遗产价值分为历史价值、科学技术价值、社会文化价值、艺术审美价值、经济利用价值和保存状况六项。历史价值分“历史久远”和“与历史人物、事件的关系”两项；科学技术价值分“行业开创性”和“工程技术先进性”两项；社会文化价值分“社会责任及情感”和“企业文化内涵”两项；艺术审美价值分“建筑及工程美学”和“风貌特征”两项；经济利用价值分“结构利用”和“空间利用”两项；保存状况指的是完好程度，不分项。可见，相对于官方标准，该价值构成增加了对经济因素的考虑。

（六）武汉

2011年，《武汉市工业遗产保护与利用规划》（以下简称《武汉市规划》）出台，该规划由武汉市国土规划局组织编制，是武汉市首次针对工业遗产编制的专项规划。《武汉规划》选取了371处厂区为研究对象，其中95处被列入“武汉市工业遗存名录”，并且根据推荐工业遗产名单的选择标准，27处被推荐为武汉市工业遗产。选择标准共计三条，分别考察了工业遗产的稀缺性、唯一性、代表性、先进性、完整性、时代特征和工业风貌特色。在学界，田燕和齐奕等均对武汉工业遗产的价值进行了研究。田燕将武汉工业遗产价值分为历史价值、社会价值、经济价值、美学价值和稀缺性价值五个方面，并对其内涵进行了解释。齐奕、丁甲宇针对武汉工业遗产建立了定性和定量相结合的评价体系。他们将武汉工业遗产的价值划分为历史价值、社会价值、科学技术价值、艺术美学价值和附加价值五项，除科学技术价值外，其余四项又各自划分为两小项。

综上所述，在我国工业遗产研究十余年之际，国内对各城市工业遗产的价值研究还比较宏观，尽管在基本价值构成（历史价值、科技价值、艺术价值、社会文化价值）方面已达成普遍共识，但对于更加具体的指标细分尚不够细致，有待各地区根据所属区域工业遗产的具体情况进行进一步研究。

第四节　工业遗产价值的评价标准

工业（建筑）遗产都具有历史的、科技的、艺术的和社会文化的四个方面的客观价值，但对于不同的工业（建筑）遗产，这四方面价值的重要程度不同。在对不同的工业（建筑）遗产进行价值认定时，需对该处工业（建筑）遗产的这四个方面的价值进行重要程度的判定，判定的依据即为工业（建筑）遗产价值的评价标准。根据工业（建筑）遗产及其价值的特性，其价值评价的标准可确定为三项——代表性、稀缺性和完整性。

一、代表性

代表性指的是工业（建筑）遗产在某一方面所见证的信息在一定的时空范围内是否具有典型性和权威性。也就是说，该处工业（建筑）遗产是否能够向人们充分展示其所在地的城市文化、工业文化以及特定的历史背景，并且还能够反映该文化主要的、显著的特征。一般来说，在某项价值方面具有代表性的工业（建筑）遗产所见证的信息是比较充足的，能够集中充分地说明该方面价值在此类工业遗产中的重要内容。可见，代表性这一价值评价的标准反映的是遗产所见证的信息的质量。另外，需要注意的是，工业（建筑）遗产的代表性一定是就具体的时间、空间范围内而言的。比如某处工业（建筑）遗产在历史价值方面的代表性一定是该工业（建筑）遗产代表了该类型工业遗产在某段历史时段中在全世界、全国或某地区的普遍特征。

二、稀缺性

稀缺性指一处工业建筑遗产见证的信息，承载的价值所具有的独特性和唯一性，即该处工业（建筑）遗产某方面的价值在该地区近代工业建筑遗产中是否是稀有而独特的。如果一处工业（建筑）遗产见证的某方面信息在该地区近代工业建筑遗产中甚至更广泛的范围中是罕见的甚至唯一的，那么该工业建筑遗产的价值无疑具有稀缺性。稀缺性这一价值评价标准反映的是工业（建筑）遗产所见证的信息的数量，并且其程度高低与数量大小成反比。见证同类信息的工业（建筑）遗产的数量可分为绝对数量和相对数量两种，前者的稀缺性一般表现为唯一一处或少数几个，个数越少稀缺性越强；后者则表现为一定的比例关系，即在该地区近代工业建筑遗产中见证同样信息的建筑遗产的个数的倒数，数值越大稀缺性越强。

三、完整性

完整性指一处工业（建筑）遗产见证的信息以及作为价值载体的建筑实体本身的整体性和无缺憾状态。工业（建筑）遗产价值的完整性包含两层含义：一是指工业（建筑）遗产作为“物”，其本身的完好程度；二是指工业（建筑）遗产所携带或见证的信息的完全程度。完整性原则具有这样的层次性主要是由于人们对工业（建筑）遗产的认识越发深入，工业（建筑）遗产逐渐被看作是动态的、复合的、多维的“整体”，而非静态的、一元的。一般来说，只要作为实体的“物”是完整的，那么它所见证的信息也会是完整的，但反过来，当“物”不完整时，信息也可以完整。基于完整性的这个特点，在将其作为各指标的评价标准时，应根据具体的评价内容赋予其相应的内涵。

第五节　工业遗产价值与工业建筑遗产价值

一、工业遗产价值和工业建筑遗产价值的关系

根据本书绪论中对工业遗产和工业建筑遗产概念的界定和辨析：后者是前者的最大和最重要的子集。由此可知，工业建筑遗产的价值均应包含在工业遗产的价值当中，即工业建筑遗产的价值是工业遗产价值的一个子集。另一方面，工业建筑遗产的有形的物质形态是其本身价值以及工业遗产价值的有效载体，并且是最主要和最重要的载体。因而，工业遗产的价值在工业建筑遗产中均有所体现，两者的基本价值构成具有高度的同一性。并且，工业建筑遗产价值和工业遗产价值也具有相同的特性。

二、工业建筑遗产的价值

工业建筑遗产指的是具有遗产价值的历史工业建筑，它与工业建筑和工业遗产都不相

同。目前，我国工业（建筑）遗产的普遍情况是现有工业遗产厂区内的工业建筑数量庞大，质量参差不齐，要认定工业建筑遗产就需要对这些工业建筑进行调查和筛选，筛选的依据即为这些建筑的遗产价值。张复合教授指出，对于工业建筑，需在掌握其历史形成过程的基础上，分析其特性，才能判断其价值，进而认定工业建筑遗产。基于此观点，本书认为建立准确实用的工业建筑遗产价值评价体系是判断历史工业建筑遗产价值的有效途径。该价值评价体系应具有很强的针对性和可操作性。它应建立在充分扎实的调查研究和系统严谨的理论论证的基础上，对某一具体类型、时段或地域的历史工业建筑进行可操作的价值评估，达到一定标准的建筑方可被认定为工业建筑遗产。

具体来看，青岛近代工业遗产作为独具特色的地域性工业遗产，既具有工业遗产的共同价值，也具有独特的价值内涵。而这些近代工业遗产厂区内的工业历史建筑的价值分布和价值高低却不尽相同。在对这些建筑进行价值判断以确定是否为工业建筑遗产时，需根据青岛近代工业（建筑）遗产价值的特殊性建立具有针对性的青岛近代工业建筑遗产价值评价体系。

第六章　基于文化创意产业的工业遗产保护与改造

第一节　工业遗产保护与城市文化构建

一、城市文化的概念和特征

对城市文化概念的界定，有不同的研究视角和方法，就有不同的理解和描述。一般认为，城市文化是具有鲜明城市特点的一般文化，它强调的是标志性的或者内在的价值。城市文化作为一种价值概念，是城市具有的城市特点和文化模式，是物质与精神的结晶。城市文化是城市生活中所体现出来的人与人、人与环境以及环境的社会属性的集中体现，是城市居民在长期的生活过程中共同创造的适应城市特点和要求的人工环境、生活方式和生活习俗的总和，是在更高社会层面上展示历史、现在和未来的城市生活，是城市社会成员在城市发展过程中所创造的物质财富和精神财富的总和。文化是人类聚居产生的结果，文化是城市之灵魂，人造城市，城市也在造人，城市和人共同造就城市文化。

宏观上看，城市文化是一个时代、一个民族、一个区域、一个国家的文化范式，与城市对于社会、人类的意义相吻合，标志着一种社会体制下的文化语境。从整体上来看，城市文化涉及三个要点：

城市文化是一种大文化。它不是单指某一城市的文化教育设施、人的知识水平、教育程度的狭义文化形象，而是包括了某城市所创造的一切物质文化、制度文化和精神文化总和所形成的整体景象。城市文化是一种综合认识的结果，即主体整体对某城市客体的总印象。它不是单个人的认识，也不是多数人对城市文化个别要素的认识，而是多数人对一个城市的总体认识结果。它通过城市物质要素表达出来，又依靠个人而存在发展下去。世界上绝没有存在于人的心灵之外的文化。城市文化是人们衡量与评价各类事物的共同标准与共同规范，它反映着某个特定区域、某个特定阶段人们共同的意识。城市文化的构成要素有城市精神文化、物质文化、建筑文化、自然文化、管理文化、制度文化、行为文化等内容。它们是自然文化与社会文化的结合，是物质文化、制度文化与精神文化的统一，它们构成了城市文化管理体系的基本条件和组织架构。城市是一个多种文化的共存体，城市文化具有多元性和包容性。著名的加拿大作家A. J. 雅各布斯（A. J. Jacobs）就认为："多样性是城市的天性，城市的多样性，不管是什么样的，都与一个事实有关，即城市拥有众多人口，人们的兴趣、品位、需求、感觉和偏好五花八门、千姿百态。”世界上的城市是千差万别的，根本的差别就在于城市文化的不同。

城市能否成为诗意的生活环境，文化是主要因素。古希腊哲学家亚里士多德说过：“人们来到城市是为了生活，人们居住在城市是为了生活得更好。”满足不同地区、不同人群各种不同层次的需要是城市发展的最终目标，也是城市文化的本质所在。文化是城市的基因，是城市的灵魂，是城市的形象，是城市的实力，也是城市的最高价值所在。任何一座城市，无论大小，都有自己的历史文化积淀。历史文化是一个城市的本源和血脉。因此，如何绵延城市的记忆，传承历史文脉，让这些源远流长并富有特色的历史文化重放光芒并注入新的生机与活力，对保护城市文明特征，丰富城市文化内涵，展示城市文化魅力，发掘城市精神的历史人文根基，都有举足轻重的意义。

二、工业遗产是城市文化的符号体现

随着中国各大城市的传统工业逐步退出历史舞台，以及城镇化的快速推进和城市产业结构的升级调整，大批失去使用价值的工业遗产占据着城市的中心城区，它们在过去的几十年里被当成累赘和废弃物，面临的都是被成片推倒的结局。“大同小异的摩天高楼取代了富有特色的历史建筑群落，不断拆毁旧的建筑环境，新建大型商业用地和广场，忽视真正象征城市本质的多样性。”

A. J. 雅各布斯在《美国大城市的死与生》一书中所描绘并批判的20世纪60年代美国城市大建设的场景，正不断在中国各地如火如荼的城市建设和改造中重复。

随着北京、上海相继试点成功了一批艺术创意园区后，各大城市也都意识到了老旧厂房的历史人文价值。城市的产业升级和形象树立，也迫切需要城市文化的支持，而工业遗产正是城市历史的物质化体现，是城市文化和精神最贴切的符号表征。迈克·费瑟斯通在《消费文化和后现代主义》中说道：“城市总是有自己的文化，它们创造了别具一格的文化产品、人文景观、建筑及独特的生活方式。甚至我们可以带着文化主义的腔调说，城市中的那些空间构型、建筑物布局设计，本身恰恰是具体文化符号的表现。”在2011年召开的“转型与重构”中国城市规划年会上，业内专家一致表示，保护和利用城市工业遗产，是善待社会历史资源、保持城市生机魅力与原真印记的科学文明之举。

上海作为20世纪中国最重要的工业基地，以纺织业、钢铁制造业为代表的众多企业，为上海赢得了近百年来无可替代的经济地位。从1978年开始，上海进入从工业主导型转向工业与金融、贸易、运输等第三产业并重发展的新阶段。上海制定了“优先发展第三产业、积极调整第二产业、稳定提高第一产业”的“三、二、一”产业发展方针，努力建成国际上重要的经济、金融、贸易、航运中心，带动长江三角洲和整个长江流域地区经济新飞跃。2000 年，转型获得了阶段性突破，标志着经济转型进入了全新的境界。随着上海产业结构的调整和第三产业发展的全面推进，传统工业陷入困境，工业中心向新兴工业区或周边地区转移，上海城市空间结构发生了重大变化。在产业转型进程中，结合旧城区改造，将不符合中心城区发展需要的工业企业搬迁到郊区，为中心城区发展高附加值服务业腾出空间，于是，上海中心城区遗留了大量的工业遗产建筑。上海的工业遗产是曾经作为“共和国长子”的上海工业辉煌历史的真实写照，它们构成了上海城市文化的绚丽篇章。中国台湾建筑设计师登琨艳在参与了上海创意产业园区的许多规划工作后，感慨道：“上海是中国工业文明的发祥地，没有这些工业遗产就不会有南京路、淮海路漂亮的租界和外滩金融建筑群，这些工业建筑是上海城市发展中非常主要的历史，我们没有权利把它们全面推倒。这个城市有过辉煌和发达的工业和商业，那必然会留下一些仓储物流建筑，发现它们并没有什么了不起，没有什么好惊讶，粗暴地把它们拆掉，才是我觉得惊讶的，我的呼吁能受到大家注视更是我惊讶的。”

城市工业遗产是老一辈产业工人集体记忆的物质化符号，同时，也向年轻一代讲述着曾经的岁月和激情。如今保留下来的上海市工业遗产，都是那些在一段时期创造了辉煌业绩的巨无霸工业企业，都有令人自豪的故事，承载着一代人曾经的青春和无悔的付出。例如由上钢十厂改造再利用而成的著名艺术园区“红坊”，就是对红火的20世纪50年代大炼钢铁“大干快上”时代的纪念。从这些工业遗产的厂区景观到厂房建筑，从车间结构到遗留的工业设备，从墙上的标语到斑驳的墙与门等，众多的使用痕迹都在诉说着曾经红火的岁月，这些都构成了上海作为中国最大工业城市的历史和物证，承载着极其重要的上海城市文化意义。

城市工业遗产的存在避免了“千城一面”的城市化建设，避免城市空间环境的单调呆板。一个城市的历史文化不可能由一种建筑风格谱写出来，如果城市到处充斥的都是现代主义风格的玻璃盒子，那么城市也就失去了自己的独特性格和气质。如果把一个城市的不同发展时期比作一本书，那过去的每个时期就是翻过的每一页，每一页上的内容应该是不同的，如果一本书从头到尾印的是同一个内容，那么谁也不会想去翻其他页了。拥有多样化的优秀历史建筑正是体现了一个有故事的城市的丰富底蕴，城市气质来自历史与文化的长久积淀，城市的魅力体现在不同时代的建筑风格的有机集合。正如美国未来学家约翰·奈斯比特所说：“我们的生活方式越来越趋于一致，我们对更深层的价值观，即宗教、语言、艺术和文学的追求也就越执着。”在外部世界变得越来越相似的情况下，我们更加珍惜城市内生的传统文脉。

城市风貌是城市历史和文化的展现，是城市形象与精神气质的统一，工业遗产是构建城市风貌的重要组成部分，也是城市建筑形式多元化构成的不可或缺的部分。城市文化犹如白酒，多种香味物质的组合搭配才让好的白酒口味醇厚，回味悠长，多元化建筑构成的城市风貌才可能营造独特的城市气质,城市文化才更有内涵,城市才会更吸引人。如今国内的一些大大小小的城市在热火朝天的造城过程中,城市面貌正急速地走向趋同,类似风格造型的建筑群占据了城市的所有角落,具有不同历史传统人文景观的城市变身为冰冷的现代主义混凝土玻璃组合体。而且,不少城市盲目模仿国内外超大型城市,为了追求政绩和规模而不顾城市环境和城市实力,把高层、超高层建筑和超大体量建筑体当作城市现代化的标志,破坏了原有的城市尺度和轮廓线,更是让城市文化千篇一律,毫无历史感可言。

城市文化是市民的生活方式、精神面貌以及城市建筑景观的总体反映,与市民的文化习俗、行为方式和价值观念密切相关。城市文化在漫长的历史过程中积淀、缓慢演变发展,形成城市文脉,具有深厚底蕴的城市文脉可以唤起市民的归属感、荣誉感和责任感,而城市工业遗产构建了城市文脉赖以存在的物质空间,是重要的历史物证。城市的文化资源、文化氛围和文化发展水平,体现了一个城市的竞争力,决定着城市的可持续发展能力。但是,一些城市面对席卷而来的西方强势文化,没有努力去传承延续自己城市悠久的人文历史,而是浅薄甚至否定自己的文化传统,大肆拆毁大面积的工业遗产建筑,反复出现一些思想平庸、文化稀薄、格调低下的建筑设计和城市环境规划,而这些低俗的建筑和环境又反过来影响城市文化的发展,消解着人们对于优秀传统文化的理解和继承,种种不良的城市文化现象,究其深层次原因,还是缺乏文化认同感和文化自信。

三、城市文化决定城市竞争力

城市的核心竞争力是指一个城市所独具的、使城市能在一个行业(产业)或城市的其他领域取得领先地位所依赖的关键性的能力,它是能将城市的独特资源转化为竞争优势的一组政策、知识、技术或技能的有机综合体,而非城市所拥有的资源和禀赋本身。

城市竞争力是一个城市经济竞争力和文化竞争力的综合体现,其中的城市经济竞争力是硬实力,最被人们关注,也最容易被量化和比较,而城市的文化竞争力是软实力,是对城市发展产生潜移默化作用的因素,容易被忽视。在当下经济增长方式逐渐趋同,各个城市面临巨大的资源与环境压力时,城市文化的价值和作用逐渐被各国政府和各个城市所关注。法国原文化部部长朗歌曾经说过:“文化是明天的经济”,文化对经济的作用力,常常比我们想象的要强大得多,城市文化的兴盛是城市经济获得可持续发展能力的重要保证。城市文化的繁荣既是城市经济繁荣的表现,又对经济发展起推动作用,经济的繁荣是先决条件和物质基础,文化的繁荣才是真正的繁荣标志。

文化竞争力也可以分为文化硬实力和文化软实力。前者是指城市的文化设施健全程度、文化遗产数量、文化从业人员的结构等,后者则包括城市的文化氛围、文化传统、文化法规健全程度和城市居民的人文意识等。提升文化硬实力可以通过大手笔的投资建设来速成,提升文化软实力则难度大很多,且很费时。目前国内许多城市在发展城市文化过程中,往往重硬件建设，轻软件发展，对文化软实力的重视不够，往往投入巨大的资金，软实力却没跟上，结果只看到空荡荡的博物馆、艺术园区等。

我国的城市文化建设相对于满足民众日益增长的精神文化需求的目标而言，事实上是一直处于短缺状态的，促进城市文化发展的任务很紧迫，这也关系到国家的文化安全。城市文化可以有效地增强市民对所在城市的认同感、荣誉感，从而增强凝聚力，这是一个城市不断前进的强大精神支柱。城市告诉我们文化的昨天，城市见证我们文化的今天，城市也预示我们文化的明天。但是，如今我们在太多的城市中，已经无法了解城市的昨天，难以把握城市的今天，更不可能预测城市的明天。因为大面积的破坏性建设无知无情地割断了城市昨天与今天的文化联系，使城市失去了自己的文化灵魂，破坏了人们的生活习惯和社会记忆赖以存在的基础。

舒乙曾指出："文化的属性不同于其他，它有长期的稳定性和生命力，文化是民族的象征和根系，是一个民族的姓氏。一个城市最后取胜的武器并非靠经济，最后取胜的一定是靠那些唯你独有的东西，那就是文化。"以提出"竞争优势"理论而闻名的哈佛商学院迈克尔·波特教授指出，基于文化的优势是最根本的、最难替代和模仿的、最持久的和最核心的竞争优势。美国著名管理学家德·鲁克也指出："今天真正占主导地位的资源以及绝对具有决定意义的生产要素，既不是资本，也不是土地和劳动，而是文化；而且，文化生产是一种清洁、可持续的生产，文化消费是一种实体资源消耗少、环境污染低的可持续消费方式。"

20世纪50年代，美国科学家注意到，在工业发达国家，2%的人生产的农产品和3%的人生产的工业产品就能满足人们基本的物质生活需要。于是他们提出一个问题，当5%的人已经满足了社会的基本需要的时候，那另外95%的人生产的是什么呢？研究发现，在经济发展到一定程度的时候，生产的和消费的全部都是文化。城市不仅仅是混凝土和玻璃构成的建筑群，以及建筑群里的经济体，城市还应该是文化的容器，更应该是文化的土壤，城市文化自我繁衍更新，只有文化内涵丰富、发展前景广阔的城市才是魅力无穷、活力无限的城市。在我国，"千城一面"现象暴露的不仅是各个城市对传统建筑遗产保护的乏力，更暴露了对创造新的城市文化的乏术。在传统文化遗产遭到破坏的同时，并没有创造出新的城市文化，使城市文化逐渐沙漠化。

1998年11月4日，联合国教科文组织在巴黎总部首次发表《世界文化报告》。报告预测了第三个千年中城市发展的几种倾向。第一，全球将进一步城市化，估计在21世纪的第一个十年，将有超过世界一半的人口住在城市；第二，城市化和全球化的相互作用将加强；第三，未来的城市将把权力和责任继续转移给地方当局和市民社会。在此大背景下，一个国家和地区的现代化，在很大程度上将成为一个以城市现代化为中心展开的历史过程，而新的文化城市的崛起，将是这一历史过程中最引人入胜的。目前，一些世界级城市的政府愈来愈重视城市文化在促进发展方面的特殊作用，纷纷从城市未来发展角度提出了一系列增强文化竞争力的新的要求和目标，最为典型的还是伦敦。伦敦作为现今发达程度最高的世界城市代表之一，在文化方面采取了一系列重大举措，2003年伦敦市长发表《城市文化战略》的演讲，旨在维护和增强伦敦作为“世界卓越的、创意的文化中心”，成为世界级的文化城市。

四、欧洲的城市再生和文化城市构建

西欧各国的城市再生运动，在一开始就受到近现代城市规划理论思想的影响，这些规划思想的本质是把城市看作一个相对静止的事物，希望通过设计城市环境来解决城市中的所有问题。大规模推倒重建和大规模城市建设都是该思想的结果，虽然也曾经带来繁荣，但很快也带来大量的城市问题，人们不断逃离城市来对抗城市环境的恶化。在此背景下，西欧城市再生理论有了进一步发展，从目标单一的大规模改造逐渐转变为目标广泛、内容丰富、更有人文关怀的城市再生理论。欧美国家的城市再生理论的形成与发展已经历过一段时间，已由理论探索阶段演化到实践阶段，且还在逐步完善中。

英国在第二次世界大战后的工业生产竞争中未能获得新的成功，面对国内社会矛盾和动荡，以及大规模城市改造给城市文化带来的破坏，英国政府通过对城市再生理论的探讨、城市政策的修订和城市建设的实践，在20世纪70年代中期的《英国大都市计划》中首先提出“城市复兴”（Urban Renaissance）的概念。20 世纪90年代英国专门成立特别工作小组，研究“城市复兴计划”。2002 年下半年，伦敦市政府提出“伦敦重建计划2003—2020”，这项工程耗资1100亿英镑，以进一步提高伦敦的国际竞争力。目标是建设一个开放、包容、富裕、优美、社会和谐的新伦敦，使其在居住质量、空间享受、生活机会和环境保护等诸多方面处于欧洲领先地位，使每一个伦敦人乃至英国人为之自豪。英国前副首相普里斯科特指出：“伦敦城市复兴的重大意义在于，用持续的社区文化和城市规划的前瞻性来恢复城市的可居住性和信心，把人们再吸引回城市。”根据一项名为“文化对英国城市复兴的贡献证据调查”的政府报告显示，文化在城市复兴中扮演着至关重要的角色。该报告通过相关的城市复兴的案例证实：文化在物质环境、经济环境和社会环境方面都能够产生良好的效益，并促使城市复兴得以很好地执行。城市文化已经成为城市复兴的核心成分，在提升历史建筑的活力和品质，为地区发展赢得持久的竞争力等方面起到了至关重要的作用。

早在1985年，欧盟部长理事会便在政府间发起了“欧洲文化城市”活动。该活动基于两项基本共识：首先，欧洲过去是，今后也仍将是风格多元化的文化和艺术中心；其次，城市在欧洲文化的诞生和传播方面发挥着关键作用。最初目标是向欧洲公众展示该地区相关国家和城市文化的独特风采。1999 年5月，欧洲议会和欧盟理事会对该项活动举办15年来所取得的成就进行审查后认为，“这一活动可以强调人们所共同拥有的欧洲文化的丰富性及多样化的内涵，进一步促进欧盟公民之间的相互了解”；并决定给予其“共同行动”的地位。

随后，“欧洲文化城市”被改称为“欧洲文化之都”，每年由欧盟理事会根据欧洲委员会的推荐进行命名。每个申请城市都必须制订持续12个月的文化活动计划，内容包括：提倡为欧洲人所共享的艺术活动或艺术形式；保证欧盟成员国之间的文化合作能够长久持续；支持并发展那些富有创造性的文化活动；确保能够动员大多数欧盟国家公民参加文化活动；促进欧洲文化之间及与世界其他地区文化之间的对话；加强对城市历史遗迹、城市建筑的保护，提高城市的生活质量。这一计划还应强调其所拥有的文化和文化遗产与欧洲文化遗产的关系。“欧洲文化之都”这一概念目前已经跨越欧盟边界向其他地区传播。在美洲大陆，由35个成员国组成的美洲国家组织（OAS）在1997年决定以欧洲这一活动为楷模，发起名为“美洲文化之都”的大型年度文化活动。在阿拉伯地区，“阿拉伯文化之都”活动已持续开展了多年。“欧洲文化之都”活动不仅对城市环境和城市文化方面带来巨大的影响，还可以使人们对待城市文化的态度焕然一新。

五、中国的城市“有机更新”理论

自20世纪60年代以后，许多西方学者开始从不同角度，对以大规模建设为主要形式的“城市更新”运动进行反思。正式把城市当作有机体的城市设计思想，最早由苏格兰生物学家、社会学家和城市规划思想家盖迪斯提出。盖迪斯认为“城市改造者只有把城市看成一个社会发展的复杂统一体，考虑其中的各种行动和思想都是有机联系的、健康的，才能有更现实的想法”。美籍芬兰建筑师沙里宁提出有机疏散理论，认为城市是人类创造的一种有机体，通过生物学来认识研究城市，认为城市的发展过程基本同自然界的任何有机体的生长过程相似，对于城市发展过程中的问题，应当追溯其发展过程，寻求解决问题的途径。

因为国情和历史发展路程的不同，我国城市更新所面临的挑战比欧美国家更为复杂、更为艰难，这需要我国在城市再生上在不断研究借鉴发达国家的相关理论和经验的同时，更要针对本国国情与具体情况，探索出一条适合中国特色的城市再生策略。20世纪90年代初，吴良镛从城市的“保护与发展”角度提出城市“有机更新”概念，该理论雏形早在1979—1980年由吴良镛领导的什刹海规划研究中就已出现，这项规划明确提出“有机更新”思路，主张对原有居住建筑的处理根据房屋现状区别对待：质量较好具有文物价值的予以保留；房屋部分完好者加以修缮；已破败者拆除更新。上述各类比例根据调查的实际结果确定。居住区内的道路保留胡同式街坊体系。新建住宅将单元式住宅和四合院住宅形式相结合，探索“新四合院”体系。

“有机更新”理论认为城市发展如同生物有机体的生长过程，应该不断地去掉旧的、腐败的部分，生长出新的内容，但这种新的组织应具有原有结构的特征，从而尽可能保留住原有的城市肌理。因此，该理论关注城市特色的保留、城市文脉的延续和城市文化的提升。其核心思想是主张按照城市内在的发展规律和文化特色，顺应城市肌理和城市文脉，让新旧建筑形成有机的秩序。

“有机更新”理论在1987年开始的北京菊儿胡同住宅改造工程中得到了实践，1993年，菊儿胡同改造项目获得联合国“世界人居奖”。吴良镛教授在其《北京旧城与菊儿胡同》一书中总结道：

“所谓有机更新，即采用适当规模、合适尺度，依据改造的内容与要求，妥善处理目前与将来的关系，不断提高规划设计质量，使每一片的发展达到相对完整性，这样集无数相对完整性之和，即能促进北京旧城的整体环境得到改善，达到有机更新的目的。”

第二节　文化创意产业概述及其发展意义

一、文化创意产业概述

作为信息时代和文化经济时代发展的产物，文化创意产业蕴藏着巨大的经济效益和社会效益。因此，很多国家和地区都把这一产业作为重要的战略产业和支柱产业大力发展。许多发达国家的文化创意产业不仅在发展速度上超过传统产业，而且在发展规模上已经成为国家的支柱性产业，比如伦敦的创意产业就是仅次于金融业的支柱产业。在当今全球化不断深入、国际间竞争日趋激烈的背景下，文化创意产业的发展水平已经成为衡量一个国家或地区综合竞争力高低的重要指标之一。现今世界主要大都市如纽约、洛杉矶、伦敦、巴黎、东京等都积极利用文化及创意产业进行城市建设，并大量输出其特有的城市文化产品，以维持其城市地位与相对竞争优势。中国经济在快速发展过程中，在资源紧张、环境恶化、人口老龄化、传统产业缺乏核心竞争力的困境中，文化创意产业对于中国的城市改变经济增长方式，提高城市竞争力，促进生活质量提升，具有重要的意义。

文化创意产业概念的形成与演进大致经历了三个发展阶段：第一阶段是20世纪30—40年代，以阿多诺为代表的法兰克福学派所持的批判性观点为主，他们认为文化创意产业作为工具理性的代表，消解了艺术和文化的个性化特征，可以随意复制生产的艺术成为千篇一律的东西，文化创意产业是异化大众的工具；第二阶段是20世纪70—80年代，重新用“文化”来定义老的商业产业，标志性事件就是在英国寻求用文化重新界定商业产业，并通过艺术与商业的结合来刺激和促进城市的发展；第三阶段是20世纪80年代至今，文化创意产业正式作为应用艺术的城市实践，如城市再生运动等，这时期的西方发达国家，特别是欧洲国家，对于文化产业的批评和争论逐渐弱化，而文化创意产业也开始从一个有争议的城市发展课题走向城市发展实践。

创意产业的出现是知识、文化在经济发展中的地位日益增强的结果，强调的是创新。不过这里的创意是特指文化创意，它和科技创新一起成为提升产业附加值和竞争力的两大引擎。科技创新在于改变产品与服务的功能结构，为消费者提供新的更高的使用价值，或改变生产工艺以降低消耗和提高效率；而文化创意为产品和服务注入新的文化要素，如观念、感情和品味等因素，为消费者提供与众不同的新体验，从而提高产品与服务的观念价值。在物质生产还不发达时，人们的需求更关注于使用价值，而随着经济的发展，物质生产日益丰富，人们对观念价值的追求也日益重视，于是，创意产业的发展就有了广泛的市场基础。

各个学者虽然研究角度各不相同，但都在城市文化产业的地位和作用上达成了共识，认为文化是未来城市的核心要素。英国学者查尔斯·兰德利（Charles Landry）于2010年出版了《创意城市：如何打造城市创意生活圈》一书中提出，“创意城市描述了一种新的城市规划策略方法，审视人们如何在城市中以创新的方式进行思考、规划、行动，如何通过驾驭人们的想象力与才智，使我们的城市更适合居住与更具活力。”[1]

在这个日新月异的新时代，城市文化产业正在取代单纯的物质生产和技术进步而日益占据城市经济发展的主流，21世纪的创意城市将表现为文化与技术相结合，以互联网技术和网络文化为基础，以高附加价值的服务业为支撑。

由于文化是创意产业的核心要素，人们常常把创意产业等同于文化产业。虽然文化产业是创意产业的主要内容，但不是全部，因为文化创意可以产生于任何经济活动之中，在传统产业里都有涉及美学的设计，如工业设计建筑设计以及时尚消费、广告商标、企业形象的设计等。但早期的设计还局限于为本企业或本行业服务，没有分离出来成为独立的产业，如前所述，当经济发展到一定阶段，创意设计的重要地位凸显，才逐渐分离出来形成了独立的产业。这一分离，一方面有利于突破传统产业的原有束缚，更充分地发挥想象，扩大创新空间；另一方面，创意设计跳出了为本企业服务的圈子后，有利于向其他行业、企业渗透，既获得了规模经济效益，又提高了其他行业的附加值。如建筑设计，脱离建筑工程公司，可不受工程公司业务范围和传统规范的限制，从而扩大了创新空间，并在为各类建筑的设计服务中扩大规模，积累经验，不断创新，如依托上海同济大学的建筑设计园区的年营业额已达20亿元。从这个意义上看，创意产业是知识经济时代社会生产又一次分工的产物，有人把它归入现代服务业的范畴，也有人把它视为传统三大产业之外的第四大产业，尚难有定论。但创意产业与三大产业都密切结合，在一定程度上还促进了三大产业间的相互融合。

据统计，目前世界范围约有120项文化创意产业研究，其中对文化创意产业的定义及其工业分类体系所涉及的产业范围争议较大。由于文化产业与创意产业的概念在国内外尚无统一定义，各国均根据各自国情进行界定，世界各国官方机构和国际组织对文化产业概念的界定和行业的分类也存在着明显的差异。英国最早将“创意产业”概念引入文化政策文件，

[1]［英］查尔斯·兰德利：《创意城市：如何打造都市创意生活圈》，清华大学出版社2010年版。

在1998年出台的《英国创意产业路径文件》中明确提出“创意产业”概念:“创意产业是指那些从个人的创造力、技能和天分中获取发展动力的企业,以及那些通过对知识产权的开发可创造潜在财富和就业机会的活动。它通常包括广告、建筑艺术、艺术和古董市场、手工艺品、时尚设计、电影与录像、交互式互动软件、音乐、表演艺术、出版业、软件及计算机服务、电视和广播等。此外,还包括旅游、博物馆和美术馆、遗产和体育等。”英国把文化产业称为创意产业,之所以用“创意”这个词代替“文化”,是为了强调人的创造力,强调文化艺术对经济的激活作用。英国的创意产业被定义为:“源于个体创造力、技能和才华的活动,而通过知识产权的生成和取用,可以发挥创造财富和就业潜力的活动。”联合国教科文组织将文化产业定义为:“结合创造、生产与商品化等方式,运用本质是无形的文化内容。”在美国文化创意产业称为“版权产业”,占整个经济40%以上的份额。日本的文化创意产业分为三大类:内容制造产业、休闲产业和时尚产业,据相关资料表明,内容产业在日本的市场规模仅次于美国,预计到2025年,日本的文化创意产业将达到73兆日元。韩国的电影出口、数字游戏产业近十年来发展迅速,是全球文化创意产业的后起之秀。

从中国的文化产业发展来看,“文化产业”这个概念是在党中央关于“十五”规划的“建议”中正式提出的,这不仅是我国国家发展战略的重大部署,同时也是对文化产业发展在当今世界新经济发展趋势中所处地位的一种反映,是中国加入世界贸易组织(WTO)后对文化发展所作出的具有深远意义的重大判断。党的十七大明确提出,要积极发展公益性文化事业,大力发展文化产业,激发全民族文化创造活力,更加自觉、更加主动地推动文化大发展大繁荣。中国人民大学教授、北京创意产业战略小组组长金元浦指出,十七大报告中提出“文化生产力”“文化软实力”,提到解放和发展文化生产力,推动文化内容形式、体制机制、传播手段创新;特别提到大力发展文化产业,繁荣文化市场,增强国际竞争力,运用高新技术创新文化生产方式,培育新的文化业态,加快构建传输快捷、覆盖广泛的文化传播体系。其中,“文化软实力”“文化生产力”“文化大发展大繁荣”等关键词是首次非常明确地提出,意义重大。总体而言,除去概念的范围差异,各国的文化产业还是具有相通的本质,都重视将现代文化产业与传统产业相结合,以增加传统产业的文化附加值。

世界上第一个政策性推动创意产业发展的国家是英国,英国创意产业的兴起也正是与城市再生联系在一起的。“二战”之后,英国的产业结构发生了重大的变化,支撑经济的传统工业部门由于难以适应以新技术和新原料为基础的新型工业结构,在国民经济中的比重迅速降低,呈现出一种不可挽救的衰退之势。由于发达国家经济中心城市的产业结构在1900年至20世纪70年代已经建立起以第三产业为主的新型产业结构体系,因此这一时期城市再生的关键就是推动第三产业内部结构的优化升级。1997年英国大选之后,首相布莱尔提出“新工党、新英国”的构想,力图改变英国作为老工业帝国的陈旧形象。在“新英国”计划中，文化创意、艺术设计等领域占有突出地位，创意产业在近年也成为仅次于金融行业的伦敦第二大支柱产业。布莱尔还着手成立了“创意产业任务小组”（Creative Industry Task Force），并亲自担任主席以推进文化创意产业在城市经济中的发展。自2002年起，英国政府的文化主管部门每年都会颁布国家文化产业的发展统计公报，据2006年《创意产业经济发展统计公报》（Creative Industries Economic Estimates Statistical Bulletin），2004年英国创意产业占国民增加值的7.3%；1997年至2004年期间，英国创意产业的年均增长率是5%，同期英国整体国民经济年均增长率是3%；从城市就业情况来看，2005年第三季度，创意产业共有180万个就业岗位，其中100万个就业岗位来自创意产业，约80万个就业岗位则来自创意产业的相关企业。

1998年，联合国教科文组织在《文化政策促进发展行动计划》中指出：“发展可以最终以文化概念来定义，文化的繁荣是发展的最高目标，未来世界的竞争将是文化生产力的竞争，文化是21世纪最核心的话题之一。”目前几乎所有的国际性大城市都将创意城市作为未来城市的发展目标，并制定了相应的文化发展战略。正如刘易斯·芒福德（Lewis Mumford）所说，城市是“人类文明的保管者和积攒者”，近20年来，文化创意产业已经成为城市再生和城市发展研究的焦点。西方发达国家的城市经济已经从工业经济时代过渡到服务经济时代，并逐渐向创意经济时代迈进，随着我国城市产业结构的调整和经济转型，文化创意产业在城市发展中的地位将备受关注。

二、文化创意产业提升城市竞争力

文化创意产业和城市竞争力是20世纪90年代发达国家提出的新概念，后来逐渐演变成全新的城市发展理念。这种理念认为，当代经济的真正财富是思想、知识、文化、创造力所构成的创意，这种创意来自人的头脑，它会衍生出无穷的新产品、新服务、新市场和创造财富的新机会，是经济和社会发展的重要推动力。西方国家在研究如何提高城市竞争力的问题时，最常出现的词语就是“城市吸引力”，或者说城市的“可供投资能力”，即“有益于提高城市投资率的城市环境”。“可供投资能力”由研究城市竞争力的经济学家伊恩·贝格首先提出，取代了之前的“城市就业能力”概念，认为城市政府真正解决失业问题的关键并不在于提供更多的就业岗位，而是应该通过公民的就业培训，使之更具有竞争力，他认为政府应该少关注具体的就业供求，多关注城市的环境和文化建设，以吸引潜在的投资者和优秀人才。迈克尔·波特在《竞争论》中也指出，全球竞争产生了一个悖论，即信息化和全球化使“生产地点”的重要性有所下降，又使“生产地点选择”的重要性有所上升。在传统经济发展体系中，城市之间的竞争是“零和博弈”，各个城市都为吸引国际流动资本，与竞争对手处于对立的状态，而在“可供投资能力”概念为主的城市竞争体系中，城市竞争是以共同受益和双赢为目标。伊恩曾明确指出：“文化已经越来越被认为是一项重要的资产，它不仅能够推动地区发展，它还能够吸引大量的外来人口和就业者来定居。”A. J. 雅各布斯曾经简明扼要地将城市定义为“创造财富的地方”，文化产业已经成为当前构成城市吸引力的重要因素。在我国2004年城市规划学会的年会上，吴良镛教授在发言中也明确提出“(城市规划发展的)出路在于不能就建筑论建筑，还是要以问题为导向，从文化深层结构中探讨城市文化发展的战略”。

沙朗·祖金在其《城市文化》一书中提出了著名的“符号经济”概念，指出符号经济是研究城市建设环境的主要途径之一，因为文化产业的繁荣，使一个城市产生了独特的文化基因，为一座城市塑造了一个与众不同的符号形象，从而获得了相对于其他城市的相对竞争优势，而且，文化产业的繁荣也推动了旅游收入增长和直接投资的增加，改善了城市形象，因此城市空间因其文化的符号性特征而获得经济效益，即“符号经济”。祖金在《权力的地图》一书中认为，形成“符号经济”的原因主要有两个方面：其一是文化在推动城市中心区再生过程中发挥的重要作用，以及文化的经济再生能力所引起的重视；其二是城市金融投资领域的不断扩大，文化被纳入其中并取得了实际效果。在当今消费文化盛行的时代，任何消费活动都是基于符号的消费，商品本身物质层面的功能性消费被降到最低，精神层面的文化消费愈加被关注。根植于城市本身的历史文脉特征，打造出能够吸引消费者的文化符号，是一个城市提升自身竞争力的有效手段。文化建筑设施既是文化活动的承载者，也是重要的城市形象展示标识物，具有地标性质的优秀历史文化建筑更是城市特色和城市风貌的象征，每一个城市都应该拥有自己独特的文化地图。

三、文化创意产业链的经济效应

产业链可以定义为具有某种内在联系的企业群的集合，这种产业集合是由围绕服务于某种特定需求或进行特定产品生产及提供服务所涉及的一系列互为基础、相互依存的产业所构成。产业链中大量存在着上下游关系和相互价值的交换，上游环节向下游环节输送产品或服务，下游环节向上游环节反馈信息。从现代工业的产业链环节来看，一个完整的产业链包括原材料加工、中间产品生产、制成品组装、销售、服务等多个环节。任何产业都能形成一条产业链，现实社会中存在着形式多样的产业链，众多产业链会交织构成产业网。文化创意产业链是强调以创意为龙头，以内容为核心，通过产品的创新拉动销售增长。

文化创意产业链具有三个方面的主要特征：首先，构成文化创意产业链的各个组成部分是一个有机的整体，相互联动、相互制约、相互依存，它们在技术或内容上具有高度的关联性，上游产业与下游产业之间存在着大量的信息、物质、价值方面的交换关系，且它们之间具有多样化的链接实现形式。其次，文化创意产业链上的各个组成部分呈现出分离和集聚并存的趋势，它们存在着技术层次、增值与盈利能力的差异性，因而就有关键环节和一般环节之分，而且各个组成部分对要素条件的需求具有差异性，某一链环的累加是对上一环节追加劳动力投入、资金投入、技术投入以获取附加价值的过程，链环越是下移，其资金密集性、技术密集性越是明显；链环越是上行，其资源加工性、劳动密集性越是明显。最后，文化创意产业链受文化创意产业特征的影响，表现为产业链具有明显的空间指向性，主要表现为如下方面：第一，资源禀赋指向性，产业链依赖区域的资源禀赋，而后者的空间非集中性会引起产业链的空间分散性。第二，劳动地域分工指向性，劳动地域分工使得各区域具有自身的专业化生产方向，产业链对专业化分工效益的追求便造成了产业链的空间分散性。第三，区域传统经济活动指向性，区域传统经济活动通常是区域特定资源禀赋和区域经济特色的体现，经济活动的路径依赖性和惯性使得区域在产业链分工中具有很深的烙印。

经济发展是一个城市发展的重要基础，因此文化对于城市经济的效应较早被关注。早在1993年，美国学者安东尼·雷迪克（Anthony Radich）通过对200个城市再生案例的分析，研究文化对城市经济再生的影响，并得出两个基本结论：一是文化艺术产业能够刺激大规模城市商业开发；二是文化艺术产业自身也在持续不断地成长中。1987 年，雷迪克又进一步对文化艺术产业的经济影响加以界定，认为文化对于城市经济要素的作用包括文化对经济个体的影响，如消费者行为、商业投资、市场等；还包括文化对城市整体经济的影响，如国家收入，就业以及资本等。由于文化创意产业对于城市经济再生的催化作用体现在各个方面，例如提高房地产价值，吸引外来投资，提高城市旅游者人数，创造就业岗位，留住人力资本，刺激商业的发展等，而相关研究大都分散在城市旅游、房地产开发和经济发展部门的报告文献中，因此必须提取一条清晰的逻辑主线来进行理论研究，进行系统梳理。

布尔迪厄认为，文化资本居于经济资本与社会资本之间，通过显性作用和隐性作用可以转化为经济资本，文化资本的显性作用可以直接通过教育、出版、销售转化为经济资本；文化资本的隐性作用可以通过知识和培训转化成社会资本，建构以信任、规范、网络互动为基础的良好的投资环境。1997 年，“欧洲文化与开发研究小组”也从直接影响和间接影响入手分析文化的经济效应。直接效应是指文化资本的直接激活效应，即通过文化的商品化、产业化的形式转化为经济资本；间接效应是指间接隐性的催化效应，即文化对于城市再生所产生的经济连锁效应，如对外部投资和人力资本的吸引力等。迈克·费瑟斯通在其著作《消费文化与后现代主义》中提出：“文化资本具有其自己独立于收入和金钱之外的价值结……如果单纯根据收入来判别品味等级，就会忽略文化与经济的双重运作原则。文化领域具有它自己的逻辑、货币以及向经济资本的转化率。”因此，在研究文化创意产业激活城市再生的过程中，应同时关注研究文化生产的直接经济效应和文化生产所带来的间接的经济效应。

间接效应主要指因文化融入对于城市经济和地区经济所产生的间接效应，即文化对于城市再生所带来的连锁反应，主要沿着城市经济的资本链和产业链两个层次而展开。这里的直接效应与间接效应并不是截然分开的，大部分间接效应是基于直接效应而发生的，文化资本为地区发展带来直接经济效应的同时，也改善了地区投资环境，产生间接经济效应，而间接效应又进一步扩大了直接效应的影响程度。因此，直接与间接的划分是基于理论研究的需要，而不是要割裂经济效应的关系。

以文化创意产业为核心的产业链延展是文化间接效应的另一种表现形式，文化产业与文化事件能够带动上下游企业的产业联动，促进产业集群和规模经济。通过产业集群来推动城市经济发展的思想最早由美国哈佛大学迈克尔·波特于1990年提出，波特认为，产业集群“是一组在地理上靠近的相互联系的公司和关联的机构，它们同处或相关于在一个特定的产业领域，由于具有共性和互补性而联系在一起”。

第三节　文化创意产业主导城市再生

一、文化创意产业是城市再生的引擎

城市是一个开放复杂的巨构系统，城市生活是城市活力的基础，而城市生活又包括经济生活、社会生活和文化生活三个方面，以此类推，城市活力体系也应该包括经济活力、社会活力和文化活力三个组成部分。其中，经济活力是城市活力的基础，是产生现代城市活力的前提；社会活力是城市活力的核心，是城市活力的具体表现形式；而文化活力是城市活力的内涵和深层次表现。这三大活力是相互交织关系，既是并置关系，又是递进关系。城市建筑和空间是狭义的城市环境，这些城市空间物质形态是社会、经济、文化等内容的基本承载体，同样构成了城市活力体系，也成为城市更新的文化激活所能够发挥作用的必要条件。随着当代科技和经济的飞速发展，作为软实力的城市文化在城市再生中的地位日益提高，已经成为城市发展不可忽视的重要推动力。

如果把城市比作一个水果，那可视、可触摸的诱人的果肉就是城市的商业广场、购物街、居住区等物质形态的建筑和空间环境，而果肉中必不可少的果汁，虽然肉眼看不到，但却是构成水果美味的关键要素，就相当于城市的文化系统。美籍芬兰建筑设计师沙里宁曾说：“让我看一看你的城市，我就知道你的城市中的人们在文化上追求的是什么。”近20年来，文化已经成为研究城市再生和城市发展的焦点。1995年彼得·霍尔（Peter Hall）出版了《城市文明》，认为文化更为清晰化，代表着更多的矛盾冲突，因此应着眼于城市与新事物之间的持久动力关系。城市再生不是仅仅为了新的城市形象，还要有新的经济发展动力和新的就业机会。如果要吸引中产阶级回到城市，那么城市有什么比郊区好的呢？霍尔的结论直截了当：“第一，城市制造业经济的时代已经结束；第二，为中心城市寻找和创造新的服务业。那些觉得郊区生活很无聊的人就会成群结队地涌向复兴的城市，因为城市可以提供郊区商业综合体里不能提供的城市品质。”

西方国家以文化创意产业为主导的城市再生，首先是以文化策略的形式出现，多见于小规模的城市再生项目，以解决城市产业升级问题，这些策略在改善城市风貌和推动城市发

展方面取得了很大成效，但同时也带来了一些问题，例如由于对经济目标的过分关注而忽视了社会和环境的整体发展，造成了引发社会不公平的绅士化现象、地区发展不平衡等。基于对这些社会问题的反思和总结，西方国家在20世纪90年代摒弃了单纯经济导向的功利性目标，开始以城市的整体更新再生为目标，将文化战略融入城市更新再生规划中，更由此衍生出与城市规划相平行的文化产业发展规划，从城市发展战略高度、区域范围来整合城市资源，使文化产业推动城市更新再生迈入了新阶段。这种通过文化产业来激活、催化城市再生的探索得到了世界的关注，世界银行在1998年提出了一项针对发展中国家和那些面临产业升级问题的地区提供援助基金的计划，主题是"文化和可持续发展"，不仅针对历史遗产保护，而且也针对"文化和城市"这个涉及城市再生议题，这表明文化产业作为城市再生引擎的地位在国际范围内得到确认，到21世纪初，文化产业激活城市再生的模式在北美、欧洲、日本和东南亚等国家和地区全面展开。

城市再生理论强调的是对城市的经济、社会、环境的整体复兴，文化创意产业在其中起着举足轻重的引擎作用。首先，城市再生要求尊重和延续城市原有的地域文脉与历史文化，避免"千城一面"现象的出现，促进城市走可持续化发展之路。其次，文化活力是城市活力的重要组成部分，文化创新能力和文化多样性是城市再生的重要因素，文化体系的发展是城市整体复兴的重要组成内容。再次，文化发展不仅能够增强文化领域活力，还能够发挥催化效能，改善城市物质环境，激活城市经济，促进社会和谐。通过文化创意产业的繁荣来激活城市发展，提高城市竞争力，是西方发达国家实现城市再生的有效途径，已积累了丰富多样的成功样板案例。

二、文化创意产业主导城市再生的英美经验

以文化创意产业来推动城市再生始于20世纪70年代的美国。在那个时期，一方面，政府需要改善衰败的内城景象，私人投资者也需要营造良好的文化氛围来吸引顾客；另一方面，大量的职业艺术家与艺术机构和公司团体也需要适合的发展空间。于是，一种全新的合作方式在政府、私人投资者与艺术机构之间形成，大力发展文化创意产业成为复兴城市衰败地区的激活手段。在政府政策的推动下，文化设施开始脱离了以往独处的布局模式，和商业、休闲、办公空间混合布局，从而获得彼此之间需要的人流量。如那时的美国苏荷艺术社区、匹兹堡文化社区建设，巴尔的摩的内港开发、波士顿昆西市场等项目都取得了显著成效。

苏荷（SOHO）是休斯顿街以南（South of Houston Street）的缩写，位于纽约曼哈顿岛西南端，包括了以格林街（GreeneSt）为中心的三条街道，在19世纪后半期是纽约的工业区之一，有大量精致铸铁工艺建造的工厂或仓库保留下来，不少街道保留着19 世纪的鹅卵石地面。"二战"后，苏荷地区的工厂大批关闭或外迁，许多房屋空置破败，低廉的房租吸引了大批艺术家，苏荷地区所有的老建筑和仓库都被艺术家们租用，世界现代艺术史的大师级人物如安迪·沃霍尔、劳森柏格、约翰斯等都是那里的第一代租客，20世纪五六十年代，苏荷

成为纽约艺术家最密集的场所，苏荷区鼎盛时期的历史就是一部“二战”后的世界当代艺术史。在20世纪60年代初城市更新的浪潮中，苏荷地区被大财团计划整体推倒重建，新建大公司、大银行的办公楼和豪华公寓。这一计划遭到艺术家和社会各界的强烈反对，迫于压力，1969年7月，纽约市市长宣布原计划永远取消，政府修改了现行法律。1973 年，苏荷地区被列为保护区，这是世界上也是美国历史上首次将旧工厂旧仓库区列为历史文化遗产，并得到法律的保护。1982 年，苏荷的画廊逾千，艺术家逾万，书店、餐馆、咖啡吧、时装店生意兴隆，一派繁华景象。1990 年，苏荷区租金一路飙升，艺术家们纷纷撤离，苏荷区的艺术活力与纯度锐减，于是逐渐蜕变为文化旅游景点。

美国这种文化创意产业与工业遗产共生的城市再生模式影响了西欧各发达国家，以英国为例，在经历1981年至1983 年的经济大萧条后，英国各界开始积极寻求解决城市中心区域衰败问题的有效方法，美国的成功经验使英国政府开始将文化创意产业与城市再生联系起来，在以文化创意产业为主导的城市再生中，文化创意产业的繁荣对城市旅游的推动和对闲置建筑空间的再生均产生了重要推动作用。1988 年，英国艺术委员会出版了《英国的成功史》一书，书中建议对文化创意产业进行投资。同年，关于艺术和城市再生的四个重要会议在英国召开。1989 年，英国艺术委员会发表了一份重要文件——《城市复兴：艺术在内城再生中的作用》，在这份报告中，艺术委员会着重指出：“文化艺术是巩固经济增长与推动社会环境发展的必要组成部分，它能够激发旅游业，创造就业机会，更重要的是，它是城市全面复兴的主要促进因素，它是社会群体的自豪感和社会认同的焦点。”

20世纪80年代，伦敦道克兰码头和利物浦码头的再生计划标志着英国掀起了以文化为导向的城市再生运动，此后，英国其他城市，如格拉斯哥、曼切斯特和伯明翰等也纷纷制定文化发展策略，并相继成立文化产业园区，例如谢菲尔德的文化产业地区、伯明翰的媒体地区和卡迪夫的艺术综合体地区等。在英国的城市再生实践中，伯明翰的布林德利路街区、利物浦的艾略特码头区和谢菲尔德的文化产业区被认为是以文化为战略进行城市再生的先行实践者。英国的媒体在2004年开展题为“文化在再生中的核心地位”的专项研究，目的在于收集证据来证明文化是城市再生的核心动力，以证明利用文化战略能够推动城市再生，塑造可持续社区。总体来看，各个城市以文化策略、文化政策、文化规划等手段来促进城市整体更新的模式得到广泛推广普及。正如沙朗·佐京在《城市文化》一书中提到，“无论怎样，文化战略已经成为城市再生的关键，如何来制订战略，社会评论家、管理者、参与者如何对待这些战略都是值得深入研究的问题。”

三、伯明翰创意园区发展历程

（一）项目背景

由于在城市政府行政系统中，城市文化与城市再生分别属于不同的行政部门，各个职能部门之间因条块分割，部门沟通不畅，缺乏整体合作，从而造成城市文化与城市再生在规划层次上的脱节和实践上的忽略，文化作为激活因子起初并未被纳入城市再生规划，也没有被整合到城市的战略发展体系。城市再生发展规划者和实践者往往以自发的民间团体或个人为主，通过文化自觉对城市再生和建筑遗产的再利用进行创意与激活。在项目刚开始时都是小规模的，不受关注的，但在不久后其激活效能很快就得到释放，受到社会各界的关注，在政府机构的参与管理下，吸引了大批的追随者，形成浩浩荡荡的创意产业聚集区。

伯明翰是英国重要的工业城市之一，也是英国运河网络的中心枢纽，其中心滨水区大部分用地曾经被工业建筑占据。由于第二次世界大战的德军轰炸、河水污染和产业结构的调整，带来了严重的社会问题和经济问题，周边房地产一蹶不振。伯明翰城市议会为了推动城市再生，采取了很多措施。伯明翰早期的城市再生主要是以经济导向或地产导向的商业区开发为主，例如市中心的斗牛场商业中心区，自伯明翰创意产业园开发获得巨大成功后，伯明翰的城市再生策略逐渐向文化引导的城市再生转变。

伯明翰市的创意产业园区位于伯明翰市中心地区，距伯明翰中央火车站不足1千米，属于伯明翰市中心步行区域的范围之内，2005年被英国建筑与建成环境委员会评为英国十大适宜工作的场所之一，创意产业园的可用建筑面积约3万平方米，容纳了来自世界各国的1000多位创意工作者，是欧洲最大的独立文化创意产业园区之一。

（二）演进历史

从产业园的演进历史看，位于创意园区中心地区的伯德奶油冻工厂（Birds Custard Factory）创建于19世纪中期，创始人是药剂师阿尔弗莱特·伯德，其生产的奶油粉和果冻布丁曾经一度畅销全国。19世纪末，伯德先生的两个儿子在伯明翰的底格贝斯街区建设了非常具有视觉冲击力的巨大规模厂房区——“德方谢尔之家”。

20世纪80年代，伯德奶油冻工厂受到经济大萧条和产业结构调整的影响陷入衰败，曾经繁华的底格贝斯街区逐渐陷入萧条。

伯明翰创意产业园区建设与纽约曼哈顿的苏荷区（SOHO）和上海莫干山路50号创意园区（M50）不同，它不是纯粹的民间自发行为，也不是慢慢地自然而然地形成。伯明翰创意产业园一开始就是有意识的商业行为，是自上而下形成的。1989年，伯明翰城市议会委派欧洲最大的文化规划咨询机构Comedia来研究这一街区的再生规划方案，Comedia提出建设创意产业园区的设想，将奶油冻工厂作为其中最重要的一个项目，虽然创意产业园区的设想是由伯明翰市政府提出的，但整个项目从开发到建设实施则都是由英国的一个私人开发公司“艺术与创意产业促进会”（SPACE）来完成的，SPACE公司在伯明翰的城市再生中发挥了关键作用。

1989年，在Comedia报告刚公布不久，SPACE公司创办人本尼·格雷就收购了奶油冻工厂，并将其纳入大伦敦市场的开发项目。他首先对“斯科特之家”（Scott House）进行整修，提供了200个面积从10平方米至140平方米大小不等的艺术工作室，还提供了影剧院、餐馆、商店、画廊等休闲娱乐餐饮设施。他通过组织文化营销活动来吸引艺术家和创意机构团体，前期先以低廉的租金来吸引人。在其首次营销活动时，就有1000名艺术家对其表现出浓厚的兴趣。创意产业园区的主要运作模式是对外租赁场地，由个体或机构独立经营，目标是通过文化创意产业的聚集，形成良性循环的可持续发展的地方创意产业市场，吸引大量的外来人口，刺激地方就业和经济活力，从而激活衰败的底格贝斯街区的再生和繁荣。

（三）项目投资

伯明翰创意产业园项目的启动投资为2500万英镑，其中80万英镑来自英国合作伙伴组织（English Partnership）提供的援助基金；英国环境部（DOE）所设立的城市开发的风险捐款基金会也提供了部分资金，用以支持该地区的城市再生。伯明翰创意产业园的投资开发分为两个阶段：第一期的建设总投资为200万英镑；第二期的总投资为700万英镑中。

第一期项目主要是以“斯科特之家”为先导的1989年至1995年的开发，由于第一期项目开发大获成功，SPACE公司又陆续收购并着手规划开发附近地区。自1990 年以来，SPACE公司逐步收购了伯德奶油冻工厂周边的土地，甚至还收购了附近地区一段废弃的铁路拱桥。在创意产业园项目第一期完成的工程中，提供了大约200个艺术工作室，还建设了配套的画廊、餐馆、商店、舞厅、演艺空间等。创意产业园第二期工程也于2002 年夏全部完工，在原有产业园区的基础上新增了100多个艺术工作室，与第一期工程紧密相连。伯明翰创意产业园还与地方教育相联系，例如为艺术院校提供展览场地，提供实习机会，参与伯明翰的教育和商业合作伙伴组织等，积极推动了地方文化教育的发展。在该案例中，城市政府在其中的角色是辅助性而非主导性的，整个再生过程的主导者始终是SPACE公司，伯明翰市政府没有直接参与到项目过程中，并且对SPACE公司持中立态度，大部分资金来源于英国中央政府的捐款和SPACE公司，并不是直接来源于伯明翰市政府。当然，伯明翰政府部门间接地参与了整个再生建设过程，因为创意产业园项目的规模较大，涉及广泛的利益团体，涉及大量市政建设如安全、照明工程等，促使伯明翰市政府在城市规划、经济发展、娱乐服务、文化教育等部门派出代表组成政府工作小组，满足开发商的要求，研究怎样通过建设创意产业园区刺激伯明翰市中心的再生，通过适当的政府途径推动项目的进展。正是由于创意产业园区的开发规模和影响作用之大，才促成了这种多部门之间的协作对话，并最终实现了底格贝斯街区和伯明翰市的城市再生。1995年，该地区专门举办了城市再生的国际研讨会，并发表了《伯明翰创意产业园宣言》，指出：“文化是无可替代的要素，它有助于增加企业价值内涵、降低经营风险，哪怕经营失利也不必因此而承担恶名。”

第七章　基于城市旅游产业的工业遗产保护与景观规划

工业遗产是文化遗产的一块重要内容，因其体现了人类改造社会、改造自然的能力，体现了人类逐渐主宰物质世界的力量，而越来越被重视。如果忽视或者丢弃了工业遗产，就抹去了城市发展中最重要的一部分记忆，使城市的发展在历史进程中出现了空白。保护工业遗产景观，发掘其丰厚的文化底蕴，是文化建设的一个组成部分，同时也是绚丽多彩的历史画卷中重要的一幕。

第一节　工业遗产概述

一、工业遗产的定义

对于工业遗产的界定，不同学者和组织有着以下不同的理解：联合国教科文组织对工业遗产的界定是：工业遗产不仅包括磨坊、工厂，而且包含由新技术带来的社会效益和工程意义上的成就，如工业市镇、运河、铁路、桥梁以及运输和动力工程的其他载体。

单霁翔（2006）认为，广义的工业遗产包括工业革命前的手工业、加工业、采矿业等年代相对久远的遗址，甚至还包括一些史前时期的大兴水利工程和矿冶遗志；狭义的工业遗产是指工业革命后的工业遗存，在中国主要是指19世纪末、20世纪初依赖的中国近现代化进程中留下来的各类工业遗存。

俞孔坚（2006）认为，工业遗产是指具有历史学、社会学、建筑学和技术、审美启智和科研价值的工业文化遗存。包括建筑物、工厂车间、磨坊、矿山和机械，以及相关的加工冶炼场地、仓库、店铺、能源生产和传输及使用场所、交通设施、工业生产相关的社会活动场所，以及工艺流程、数据记录、企业档案等。

工业遗产不仅拥有社会价值和科学技术价值，而且还具有审美价值和稀缺性。因此，并不是历史上所有的工业资源都属于工业遗产，都能够用以开发工业遗产旅游。在我国，认定的工业遗产应是在不同时期某一领域先发展具有代表性、典型性和富有中国特色的中国遗存。

二、工业废弃地与工业遗产地

21世纪以来，中国国内开始将眼光投射到工业遗产保护和利用上。任京燕（2002）对工业废弃地和后工业景观设计思想进行了比较完整和系统的探讨。此后这类研究型论文和实践性项目越来越多，而相关的概念和词汇也纷繁多样且越来越多。出现这种情况的原因主要有两方面：一方面，因为翻译过程中中文词义的模糊和不确定性，出现一些相似或接近的概念；另一方面，因为时代在进步，人们对于工业遗产景观的看法和审美情感也随着经济和社会的发展而不断地变化。这种审美情感和心理上的变化导致各种相关名称的出现。

废弃地（Wasteland）概括地讲就是弃置不用的土地。这个概念囊括了很广泛的范围，“广义讲废弃地包括在工业、农业、城市建设等不同类型的土地利用形式中产生的种种没有进行利用的土地。产生废弃地的主要原因包括能源和资源开采、城市和工业的发展以及人类废弃物的处置不当等。可以说废弃地是人类文明发展的伴生物，是人类活动强度超过自然恢复能力的结果”。而工业废弃地（Industrial Waste-land）指“曾为工业生产用地和与工业生产相关的交通、运输、仓储用地，后来废置不用的地段，如废弃的矿山、采石场、工厂，铁路站场、码头、工业废料倾倒场等”。李辉将工业遗产地（Industrial Heritage Landscape）定义为：“曾用于而现已停止各类工业生产、运输、仓储、污染处理等活动的用地，包括工业建筑、工业设备与设施以及其他相关遗迹遗物。”广义的工业遗产地即指工业遗产所处的场所，陆邵明（2007）称其为集落型的工业遗产，即通常所指的历史风貌区。该场所能够反映工业文化和文明，包括历史工业建筑构筑物、工业景观设施、场地空间肌理、活动事件、自然植被等，强调的是相关人工物质形态和自然物质形态在场所中的集合。场所中又包含工业遗产点，指的是在历史、文化、技术、艺术、经济等方面具有一定价值的建筑物及设施设备。

上述概念与当前业内认为的与工业废弃地所指基本一致。但是“废弃”一词在《现代汉语词典》中的解释是：弃置不用、抛弃。工业废弃地应着重于“废弃”，是在西方发达国家部分工业衰落的背景下形成的，含有对工业所造成的环境破坏的情感因素和时代审美观念。但实际上，工业用地的场地“本值”的存在是无法抹灭的。尤其是21世纪以后工业遗产的价值在世界范围内被认同，工业遗产在世界遗产名录上的数目和地位都显著增加。人们对工业旧址的理解早已超出了“废弃地”的范畴。因此，“工业废弃地”这一称呼已经不能反映当前人们对工业时代的认识。

三、工业遗产景观的特征

（一）景观要素的综合性与系统性

工业遗产要素的涵盖范畴非常广泛。国际工业遗产保护委员会认为，工业遗产由那些在历史、技术、社会、建筑或科学方面有价值的工业文化遗存组成。它们由建筑物、机械、车间、制造场、工厂、矿场及相关的加工提炼场所、仓库、店铺、能源生产和传输设施、交通设施所组成，那些与工业相关联的社会活动场所，如住宅、宗教礼拜地和教育机构都包含在工业遗产范畴之内。在工业文明发展的过程中，不仅遗存了富有文化价值的工业遗产本身，同时，在各工业企业、技艺形成的过程中，对其周边的环境也造成了极大的影响，改变了原有的风貌。因此，工业遗产周边的环境要素也是构成其重要的组成成分，如遗产地周边及影响区域的产业结构、道路交通河流水系、生态环境、建筑及街区布局、居民就业、社区生活方式等内容。

工业遗产要素不仅具有多样性、综合性，而且通过一定的方式相互关联，使一系列工业遗产景观连成一片，具有整体性和系统性特征。

由于城市化进程的快速发展，为了提升整体的现代化水平，很多地区对工业遗产设施做出了大规模的拆改，对其附属设施环境随意改动，破坏了工业遗产景观的整体性，使其风格和质量都受到了影响，损害了工业遗产景观的完整性和真实性，使游客不能切身体验到原有的工业景观和文化。在进行工业遗产的保护和利用规划时，对遗产地的每个要素都要进行考察和评估，得出其实际价值；针对不同要素与工业景观整体联系的紧密程度，确定其保护的级别，并选用恰当的方式进行保护与开发，挖掘其内在价值。同时，在对工业遗产进行修复和改造的过程中，应详细记录每项工作的工作内容与改动，防止在以后的规划中可进行逆向操作，任何拆卸和改造的物品也应得到妥善保管。

（二）景观自然经济和社会结构的复杂性

一个完整的工业遗产景观是由工业地域的自然结构、经济结构和社会结构所构成的统一体。自然结构构成了工业遗产景观经济结构与社会结构的基础。水资源储备、交通便利性能源条件、原材料获取、地势地貌情况及气候条件等，无一不是工业企业选址所要考虑的因素。由于近现代中国的工业发展并不成熟，自然条件显得更为突出。人与自然和谐发展是永恒不变的主题，因而工业遗产地的经济结构调整也会与当时的自然结构相平衡。因此，在识别工业遗产价值的过程中，要细致分析当地的自然基础，寻求目的地工业发展历史过程中自然演变的痕迹。在保护和再利用中，注重遗产地的自然联系，保护其生态平衡。

工业遗产保护与利用开发的目的不仅包括挖掘其历史价值，也包括在新的社会经济背景下，改变其原有的功能结构，进行产业融合与改造，恢复其经济功能，适应现有的经济结构，同时使社会结构得到改善，从而进一步改变城市面貌与社会生活状况。城市结构的改变是在经济、社会和自然结构的统一和协调发展中完成的。因此，在工业遗产保护与规划利用中，要正确处理好遗产地与所在区域之间的相互关系，把工业遗产的保护和再利用与城市产业结构的调整、环境整治、生态保护及社区发展有机结合起来。工业遗产保护只有融入经济社会发展之中，融入城市建设之中，才能焕发生机和活力。

(三)景观空间、时间及其文化属性的“三位一体”

工业遗产的特征是空间、时间、文化属性的融合体,可以从这三个方面来把握。空间、时间和文化这“三位一体”的结构,使任何工业遗产景观既独立又完整。每个行业都有自身的生命周期及发展历程,工业也不例外。

工业遗产景观的时间属性就表现在原工业项目的形成时间、发展阶段、顶峰阶段、衰落时间,以及整体的持续时间、使用频率和强度及其变化等。对于特定的工业遗产景观来说,由于其发展过程可以追溯,所以时间跨度相对完整。通常,评判一项工业遗产的价值是以其时间尺度为标准的,历史越久远,价值越高。然而,我国的工业萌芽于近代,并在现代有着巨大的发展,因此那些近现代以前的工业遗产,其价值显得更加珍贵,需要进行谨慎、合理的保护与规划。当然,时间尺度是确定工业遗产的价值及其重要性之一,但不应过分强调。判定工业遗产价值的最主要因素还是它在社会历史发展过程中的作用与地位,以及它所蕴含的文化、技艺和其他信息。

空间属性是界定工业遗产景观最为普遍的尺度。主要包括工业遗产要素分布的空间形态与格局、主要工业遗存的集中分布区域、历史上的产业活动及其文化的影响范围等。而文化属性则反映工业遗产要素的文化内涵及其在历史上的有机联系,是工业遗产景观整体价值形成的基础。包括工业遗产在内的我国历史文化遗产在城市中往往呈离散状分布,彼此缺少有机的联系,其中一个重要原因就是缺乏对历史上工业现象的有机联系及其时空特征的科学认识。要实现对工业遗产景观的整体性保护和遗产利用的规模效应,就必须坚持工业遗产景观“三位一体”的观点,即把工业遗产景观看作是在特定历史时段中,在特定地域发生的,在某个领域领先发展、具有较高水平、富有特色的工业遗存。在进行保护和再利用设计时,需要运用“三位一体”的思想,从大量的城市工业遗存中发掘有价值的工业遗产景观核心要素,并对与之历史密切相关的传统街巷、管道、交通线、河流等具有文化性的景观线路和要素加以保护和整理,使之成为联系各工业遗产景观要素的纽带。同时,对工业遗产地周边及所影响区域的建筑规格等环境要进行协调规划,以保障大尺度范围内工业遗产景观的和谐。

(四)景观价值的多样性

景观尺度的工业遗产由于所含要素丰富,有着特定而复杂的自然、经济和社会结构,往往具有整体性功能和多样性的利用价值。国际工业遗产保护委员会主席伯格恩(L. Bergeron)指出:工业遗产不仅由生产场所构成,而且包括工人的住宅、使用的交通系统及其社会生活遗址等。但即使各个因素都具有价值,它们的真正价值也只能凸显于一个整体景观的框架中。工业景观的形成需要投入大量的人力、物力和财力,对工业遗产景观的整体性保护利用可以避免资源浪费,防止在城市改造中因大拆大建而把具有多重价值的工业遗产变为建筑垃圾，并减少环境负担和促进社会和谐发展。如英国的铁桥谷工业旧址，经过整体保护和规划设计，形成了一个占地面积达10平方千米，由7个工业纪念地和博物馆、285个保护性工业建筑整合为一体的工业景观，目前平均每年约有20万参观者。

城市的文脉和特色并非一成不变，工业遗产景观的价值也是动态的，随其景观的多样性显得更丰富。在进行工业遗产景观的保护和再利用时，要充分发挥景观的多样性和多功能效应，注重空间的有机改造和整合。特别是对于大型工业遗产的保护和利用，设立工业遗址公园往往可以成功地在新环境中保存旧的工业建筑群，既达到了整体保护的目的，又充分利用了工业遗产景观的多样性价值。废弃的德国埃森矿业同盟工业区通过改造，形成了远近闻名的工业遗址公园。昔日的运煤火车被利用为游览工具，矿区内的工业设施、铁路设施，甚至火车车厢都被作为社区居民和参观者开展各种活动的场地。风景优美的工业遗址公园还吸引了众多的创意产业公司、产品研发机构等企业落户。在保护完好的20世纪工业建筑遗产中，经常举办各种会议和展览活动，在提供优质服务的同时也取得了可观的经济效益。

四、工业遗产景观的价值

任何遗产，其价值一般都可以分为两部分：一是遗产的“本征价值”，即遗产本身所承载的历史、科学、美学等意义；二是遗产的“功利价值”，主要是指遗产具有的经济、政治、教育等功能。按照《实施世界遗产公约操作指南》对世界遗产普遍价值的规定，可以将文化遗产的“本征价值”归结为六个方面：代表了一项人类的创造性智慧；展示了人类的某种价值观；反映一项文化传统或文明；描绘了重大时期的建筑、科技或景观；代表了一种传统居住或土地使用方式；与重要的历史事件、习俗、信仰、作品等相关。

工业遗产的本征价值主要体现为历史价值、科技价值和美学价值，功利价值主要体现为经济价值和教育价值。工业遗产的本征价值是其功利价值的基础，功利价值通常主要是指对本征价值的开发利用。缺乏历史、科技和美学等本征价值，便不能成为工业遗产。工业遗产的本征价值出自遗产自身；而遗产的功利价值往往受外界条件的影响。对不同社会群体而言是不同的。因此，遗产的功利价值通常并不能反映其全部的本征价值，而且两者有时会出现矛盾，这种冲突的直观表现就是保护与利用的冲突。因此，必须在科学认识工业遗产价值的基础上，对其进行有效保护和利用。

（一）历史价值

历史价值是工业遗产景观的第一价值，也是世界各方共同关注的特征。工业遗产伴随历史而来，见证了工业活动对历史和今天所产生的巨大影响，记录了一个历史时代经济、社会、文化、产业、工艺等方面的文化载体。

工业遗产景观记录了特定的历史活动信息，包括工业技术的发展历程、工业材料、工业文化、制造工艺等技术历史信息，也反映了社会历史和政治发展。工业历史的物质遗存不仅为我们再现了工业化时代的工业技术和工业生产的场景，同时为我们提供了包括工人居住、生活方式和其他相关的社会历史信息。工业建筑和工业景观作为城市的一部分，也是文明和文化的载体，承载着工业文明的辉煌，标示着人类技术发展的历程，同时象征着人与自然关系的深刻变化。

（二）科技价值

工业遗产的科技价值，与其他类型的文化和自然遗产不同，工业遗产是随着近代科学发展和大工业时代的沉淀产生的。工业遗产中包含着科技因素、发明与创造力、对自然规律的了解，人工的科学的生产与组织方式，表达了科学的进程和发展。

科技价值是工业遗产产生的根源，也是有别于其他文化遗产的关键因素，工业遗产见证了工业发展过程中科学技术、创造发明、技术改良对工业发展作出的贡献。无论是工业设备、工业产品、技术手册还是工业操作规范，都深刻记载了当时的科技发展状况。从中我们可以清晰地梳理科技发展的主线脉络，这是典型的非物质文化遗产的表现形式。保护好不同发展阶段具有突出价值的工业遗产，尤其是工业的非物质遗产，才能给后人留下工业领域科学技术的发展轨迹，提高对科技发展史的认识，推动新一轮的科技进步。

（三）美学价值

高品质的工业建筑和工业设施具有“工业美学”价值或者“技术美学”价值。早期现代主义建筑审美趣味的来源之一，就是对机器和工业的构造逻辑本身和精密结构本身蕴含的美。工业革命产生了新技术、新材料和新工艺，大大促进了人类的建造技术。在1851年英国世界工业产品博览会上，园艺师帕克斯顿（Joseph Paxton）设计建造的水晶宫（Crystal Palace）和1896年法国工程师埃菲（G. Eiffel）设计建造的法国埃菲尔铁塔都是工业建筑的典范，具有非常重要的美学价值。而当代的工业设计，更是认可和表达了工业之美。一般人看来似乎不再具有价值的老工厂，在创意者眼中却是激发创作灵感、孕育创意产业的宝贵资源和难得空间，工业遗产的审美价值是工业遗产留给人类的精神财富。大批的工业遗产逐渐成为工业旅游基地正是因为工业遗产的审美价值吸引着公众的眼球。“神秘”“好奇”“惊叹”是与工业遗产审美价值共生的词汇。工业遗产中形形色色的“地标”“代表”成为众多城市识别的鲜明标志。

（四）经济价值

工业遗产见证了工业发展对经济社会的促进作用。工业在发展的进程中借助了大量的人力、物力和财力资源，工业遗产景观的有效保护实际上是在更加有效地利用资源；从另一个角度来说，抢救工业遗产景观也有助于控制建筑垃圾的数量，提升城市的生态文明建设。同时，保护工业遗产，合理利用工业遗产也能在地区经济逐渐衰退的浪潮中另辟蹊径，寻找新的经济增长点。工业建筑物的再利用本身可以节省拆除费用和重建费用。通过对城市中工业遗产重新摸底、梳理、分类，在工业遗产的合理利用中也为城市积淀丰富的历史、文化、工业底蕴，注入了新的活力和动力。

将工业遗产保护与经济社会发展、产业更替等结合起来，在保护工业遗产真实性和完整性的前提下对其进行再利用，是工业遗产景观保护中的一个突出特点。在国内外，除了已经广泛开展的工业遗产旅游，还出现了工业街区艺术家的入驻带来的商业开发。如北京的798艺术区，原是新中国“一五”期间建设的“北京华北无线电联合器材厂”，即718联合厂，2000年12月，原700厂、706厂、707厂、718厂、797厂、798厂六家单位整合重组为北京七星华电科技集团有限责任公司。七星集团对原六厂资产进行了重新整合，一部分房产被闲置下来并陆续进行了出租。目前，至少有300位以上的国内外艺术家直接居住在798艺术区或者以798艺术区为自己的主要艺术创作空间。由于这些艺术家的“扎堆”效应和名人效应，为该区块的发展注入了新的活力，并带来了无限的商机和巨大的经济效益。

（五）精神价值

工业化与城市化是人类历史上并行的现象，标志性的工业遗产通常具有民族性和国家性，象征着一个民族的创造精神，有助于增进民族自豪感和凝聚力。工业遗产对于其所在的城市通常具有特殊的意义。它会成为这个城市深层的精神纽带，成为全体市民内心深处对自己所在城市的共同体验。如杭州的白塔公园，是西湖文化遗产的实证，是京杭大运河文化遗产的端点，还是一百多年前杭城第一条铁路的始发站——闸口站所在。随着白塔公园的开园，当年废弃的铁轨已经变成可以散步的游步道，钢铁龙门吊成了一座相当时尚的江景咖啡厅，公园内还还原了闸口站风貌的蒸汽机车（火车头），增设了观光蒸汽小火车游览体验等。现在的白塔公园已经是杭州市民休闲游览的最佳去处之一。

（六）建筑价值

建筑价值是工业遗产价值的直观体现，也是大众对工业遗产最直接的认识。建筑价值通常会衍生出旅游功能，这对传统工业城市来说显得尤为重要。从城市规划角度看，组成一座城市的物质要素不但包括居住区、公共建筑、商务区、道路广场、园林绿地等，也应包括工业、仓库、对外交通运输、桥梁、市政设施、能源供应等。每个城镇都有一些历史的遗迹、古老的东西。今天的新事物，若干年后又成为陈迹，随着时间的洗练，有些遗存又成了具有一定历史价值的标志。不同时期的工业基于不同的文化形成了各具特色的工业建筑，进而在城市中产生了新旧交替、和谐共处的工业建筑。外观的差异源于不同时期、不同地区、不同风貌，反映了当地的历史文化和时代特征。这是工业遗产建筑价值的突出表现。南通被称为“中国近代第一城”，其中的工业建筑都是基于中国人自己的理念，通过较为全面的规划、建设、经营架构起来的，这种工业的建筑价值为工业旅游奠定了基础。

（七）工业遗产景观的旅游开发

近年来，文化旅游越来越受到人们的关注，工业遗产景观的价值也在被重新估算，很多城市建立起了一系列的工业遗产旅游景区，工业遗产旅游的开发与保护成为文化旅游规划中的重点问题。工业遗产景观中蕴含着丰厚的文化历史价值，其开发潜力巨大，能够成为新的旅游热点。

可感知性、可理解性与可参与性是工业遗产景观所具有的独特性质。游客在工业景观中对工业场地的见解、认知、探索以及对工业文明的感知、深化是工业遗产旅游的核心内容。因此，在工业遗产景观规划中，应当注重工业场地的感知性设计，加强游客的参与性体验，将景观设计与游客参与融为一体，通过参与工业活动感知工业文化的行为，能够为游客打造独一无二的旅游经历，使其在游览过程中获得感官参与性的文化认知。

在开发参与性工业遗产旅游景观的过程中，应该尊重工业遗产的原始风貌，还原其物质文明与精神文明内涵，在对遗址、遗迹修复的同时，也要将无形的工业文明得以恢复，传承其内在价值，以真实性和完整性为导向，最大程度地展现工业文明的发展历史。在遵循工业历史发展过程的前提下，增加游览过程中的参与互动环节，通过体验式的工业遗产景观情景，增强对工业文明的感知程度。国内在感知性与参与性工业遗产设计中最成功的范例是青岛啤酒博物馆的工业遗址设计，在该场所内啤酒生产车间的建筑、生产设备的设置与工作场景布置的设计以尊重历史原貌为原则，在体验过程中让游客感知啤酒生产过程的工业文明。在提升城市旅游经济的过程中，可以从多角度挖掘工艺遗产景观的价值内涵，扩大工业遗产旅游在旅游经济中的应用范围，对文化产业的经济增长方式提出新的发展思路，通过对工业遗产的充分规划开发，进一步推动遗产地旅游经济的发展。通过景观设计，在景观消费点中融入遗产地自然、人文、社会等独特元素，使之更加科学合理，能够最大程度地刺激游客的消费欲望。

第二节　工业遗产景观的保护

一、工业遗产景观保护现状

（一）国外保护现状

早在20世纪70年代，国外就已开始对工业遗产景观的保护与再利用的研究。工业遗产景观保护运动开始于英国。1978年，第三届工业纪念物保护国际会议在瑞典召开，成立了国际工业遗产保护联合会，荷兰在1986年开始调查和整理1850年到1945年间的产业遗产基础资料；法国从1986年开始制定搜集文献史料及建档的长期计划。

2003年7月，在俄国下塔吉尔召开的国际工业遗产保护联合会大会上通过了由该委员会制定和倡导的专用于保护工业遗产的国际准则，即《下塔吉尔宪章》，该宪章宣称，“为了当今及此后的使用和利益，本着《威尼斯宪章》的精神，我们应当对工业遗产进行研究，传授其历史知识，探寻其重要意义并明示世人，对意义最为重大、最富有特征的实例予以认定、保卫和维护。”宪章阐述了工业遗产的定义，指出了工业遗产的价值，以及认定、记录和研究的重要性，并就立法保护、维修保护、教育培训、宣传展示等方面提出了原则、规范和方法的指导性意见。国际古迹遗址理事会也于2005年10月在中国西安举行的第十五届大会上做出决定，将2006年4月18日“国际古迹遗址日”的主题定为“保护工业遗产”，希望利用这一机会，使工业遗产保护成为全世界共同关注的课题。国际社会对于工业遗产保护逐渐形成良好氛围，越来越多的国家开始重视保护工业遗产景观，在制定保护规划的基础上，通过合理利用使工业遗产的重要性得以最大限度的保存和再现，增强公众对工业遗产的认识。而对于工业遗产保护利用的实际应用，已经有了大量成功的案例可供借鉴和学习。这些实际应用在推动地区产业转型，积极整治环境，重塑地区竞争力和吸引力，带动经济社会复苏等方面取得了不少成功的经验。

（二）国内保护现状

相对于国外的研究进程，中国的工业遗产景观保护与规划则是近几年才逐渐被人们关注的课题，尚未形成对工业遗产进行系统分级、认定和再利用的体系。

从对工业遗产景观的重视程度来讲，与国外相比国内尚有较大差距。截至2006年8月底的统计，《世界遗产保护公约》的签约国共有182个，其中有23个签约国拥有43项世界工业遗产。中国共有33项世界遗产，其中只有一项是工业遗产：都江堰水利灌溉系统。大量未被保护的潜在的工业遗产不断地减少消失。国棉一、二、三厂，北京钢厂的厂房和旧址，只剩下一片片商业居住区；和新中国同时建立的拥有无数第一的“铁十字”北京第一机床厂，北京开关厂，金属构件厂的原址，如今变成了“金十字”建外SOHO；始建于1936年的沈阳冶炼厂，具有在全国和全世界都堪称绝版的完整的冶炼工业流程和设备，2004年冶炼厂巨大的烟囱被炸毁，新中国最早的工业神话的符号轰然倒地。历史的印记在不断地被损毁消失。与此同时，人们对工业遗产的关注也逐渐变多，拥有了越来越强的意识环境以及一定的实践经验。

工业遗产方面的几个标志性事件，如建筑领域的北京798艺术区、中山市的岐江公园、上海苏州河工业建筑的利用，上海世博园在中国大型工业基地上举办，首钢的搬迁，沈阳冶炼厂的大烟囱被炸掉等都发人深省，唤醒了中国人对工业遗产保护的意识。从民间自发开始到媒体的呼吁，工业遗产保护运动可谓如火如荼，《国家地理》杂志2006年也专门拿出一期，对工业遗产问题进行专门讨论。

中国工业遗产景观保护和再利用的真正转折点是政府的介入，开始从法律规章、宏观政策等多角度开始明确对工业遗产景观的保护。1996年公布了第四批全国重点文物保护单位，中国开始将“近现代重要史迹及代表性建筑”列为一个保护类别。在2001年公布的第五批全国重点文物保护单位名单中，大庆油田第一口油井和位于青海省的中国第一个核武器研制基地成为首批进入“国保”名单的工业遗产。第六批全国重点文物保护单位中，有9处近现代工业遗产入选，分别是黄崖洞兵工厂旧址、中东铁路建筑群、青岛啤酒厂早期建筑、汉冶萍煤铁厂矿旧址、石龙坝水电站、个旧市鸡街火车站、钱塘江大桥、酒泉卫星发射中心导弹卫星发射场遗址和南通大生纱厂。

2002年7月，上海人大常委会审议并通过了《上海市历史文化风貌区和优秀历史建筑保护条例》，该条例明文规定：“建成三十年以上，在我国工业发展史上具有代表性的作坊、商铺、厂房和仓库，必须列入优秀历史建筑，并实施有效保护。”上海近代工业建筑遗产保护也吹响了号角。2006年4月，在无锡举行了中国工业保护遗产论坛，通过了《无锡建议》，这是我国工业遗产保护的里程碑。会议确定加大工业遗产的保护力度，并把工业遗产普查作为今后文物普查的重点。

各项法规政策的出台，一步步将我国的工业遗产保护和工业类历史地段保护性更新推上更高的台阶。1994年德国福尔克林炼铁厂被联合国教科文组织列入世界遗产名录；2000年位于英国南威尔士的矿业小镇布莱纳文因其在工业革命中所占有的重要地位，被列入世界遗产名录；2001年“关税同盟”煤矿和炼焦厂被确认为人类文化遗产。这些工业遗迹被列入世界遗产名录，标志着21世纪以来的近代工业遗产开始作为人类近代重要的文化遗产和文化景观受到人们的重视和保护。

二、工业遗产景观保护的发展历程

（一）国外工业遗产景观保护的发展历程

国外的工业遗产景观保护活动起源于英国。早在19世纪末期，英国就出现了“工业考古学”，强调对工业革命与工业大发展时期的工业遗迹和遗物加以记录和保存，这一学科使人们萌发了保护工业遗产景观的最初意识，并因为逆工业化影响下国家或地区工业制造业的衰退而得以快速发展。罗伯特把工业遗产保护的产生归因于制造业下降造成福特制下的原始经济活动消失，这些原始的工业活动具有保护价值，并可作为旅游资源开发。有学者认为工业遗产保护最早是起源于英国，因为英国是工业革命最早发端的国家，它是世界近现代工业的发祥地。蒸汽机的发明和使用导致了加速人类文明进程的工业大革命。19世纪中期，工业遗产景观保护问题在英国开始引起重视，并出现了有关工业遗产的展览。但有关工业遗产的研究直到20世纪50年代才正式出现，60年代后取得较快发展。1986年，英国的铁桥峡谷作为工业遗产首次被联合国教科文组织列入世界遗产名录，“铁桥峡谷”揭开了保护运动的序幕，它是世界上第一座钢铁桥梁，也是工业革命的诞生地。英国在发起这项运动中做出过较大贡献。时至今日，英国的许多老厂房都被保存了下来，其中有一些作为公共开放空间，有作为博物馆向大众展示的，还有一些已被更新改建，成为商场、酒店等场所。

直到20世纪70年代，人们对自身的生存环境和人类文化价值的危机感日益加重，在经历了现代主义初期对环境和历史的忽略之后，传统价值观重新回到社会，环境保护和历史保护成为普遍的意识。随着传统工业的衰退，环境意识的加强、科学技术的不断发展，工业遗产改造再利用的项目逐渐增多，这也为工业遗产的改造提供了技术保证。

国外工业遗产景观研究历程中，欧洲理事会及1978年组成的国际工业遗产保护委员会起到了十分重要的作用，欧洲理事会主要是关注欧洲；国际工业遗产保护委员会则是一个世界性的工业遗产组织。正是在这两个机构的领导和组织下，工业遗产保护研究获得了很大的发展。1985年欧洲理事会以“工业遗产，何种政策”、1989年以“遗产与成功的城镇复兴”为主题召开的国际会议上，以及在国际工业遗产保护委员会的历届大会上涌现出了相当多的有关工业遗产的研究论文、专题报告，这些学术成果中有不少涉及工业遗产保护和旅游开发的研究。

从研究涉及的区域看，国外工业遗产景观研究在欧洲、美洲、大洋洲、亚洲（主要是日本）均有发展，但主要集中在欧洲地区，涉及英国、德国、法国、比利时、瑞典、荷兰等国，其中以英国工业遗产的研究最为突出、数量最多，内容也较丰富。对此，英国学术界普遍的认识是：英国对世界最大的贡献不在于它的文化和其他方面，而是工业革命，工业遗产是工业革命的最直接成果，因此对它的研究成为历史必然的客观要求。此外，挪威学者Grete和Rikke（2013）曾选取三个典型的挪威工业城市——奥斯陆、德拉门和拉维克从城市规划角度研究工业遗产在工业城市转型中的作用。

从工业遗产的类型看，国外研究大多体现在对矿业遗产的重点关注。如R. C. Prentice等（1993）以朗达遗产公园为例对煤矿工业遗产展开分析，Michelle（1998）以宾汉姆峡谷铜矿为例对铜矿工业遗产展开研究，Robert（2007）则以斯普林希尔和赫伯特河景观为例对矿业城镇个性化遗产进行了分析。还有西班牙学者以橄榄油工业遗产为对象，研究橄榄油工业技术为对象研究发展史和工艺知识的创新。

（二）我国工业遗产保护的发展历程

工业遗产景观保护在世界范围内的历史不长，在我国时间更短，主要原因是由于西方国家比中国更早进入主要产业升级期，所以无论在理论还是在实践上都还处于探索起步阶段。人们习惯于把久远的物件当作文物和遗产，对它们悉心保护，而把眼前刚被淘汰、被废弃的当作废旧物、垃圾和障碍物，急于将它们毁弃。较之几千年的中国农业文明和丰厚的古代遗产来说，工业遗产只有近百年或几十年的历史，但它们同样是社会发展不可或缺的物证，其所承载的关于中国社会发展的信息，曾经影响的人口、经济和社会，甚至比其他历史时期的文化遗产要大得多。

自进入20世纪90年代，随着我国社会经济的迅猛发展和产业结构"退二进三"发展战略的推进，我国的城市发展进入了高速发展的时期，城市的空间结构正发生着重大的变化，工业重心向新兴工业区或郊外转移，旧工业区逐渐衰败废置；新技术的引进与开发，使传统工业的发展陷入困境，不少企业面临"关、停、并、转"的局面，大量的工业建筑景观被废弃、闲置，这些工业遗产由于既非古建筑又不是文物，往往被"大刀阔斧"地推倒、拆平，迅速地退出城市生活的空间舞台。如果一律采取"大拆大建"的方式来进行城市建设，势必带来社会、文化资源的巨大浪费。众多工业遗产面临着重要抉择，成为既紧迫又不可回避的现实问题，引起人们的广泛关注。

就在这一背景下，2006年4月18日"国际古迹遗址日"主题为"聚焦工业遗产"，在无锡举行了首届中国工业遗产保护论坛，形成《无锡建议》。在"文化遗产日"前夕，国家文物局局长单霁翔专门为遗产日撰写了"关注新型文化遗产—工业遗产保护"长文，文中包括："工业遗产保护的国际共识""工业遗产的价值和保护意义""工业遗产保护存在的问题""国际工业遗产保护的探索""我国工业遗产保护的实践""关于保护工业遗产的思考"六部分，全面深入地阐述了工业遗产保护的科学内涵，强调要注重经济高速发展时期的工业遗产保护。

鉴于工业遗产景观保护是我国文化遗产保护事业中具有重要性和紧迫性的新课题，2006年5月，国家文物局下发《关于加强工业遗产保护的通知》(以下简称《通知》)，对各有关单位加强工业遗产保护提出要求。

《通知》说，在我国经济高速发展时期，随着城市产业结构和社会生活方式发生变化，传统工业或迁离城市，或面临"关、停、并、转"的局面，各地留下了很多工厂旧址、附属设施、机器设备等工业遗存。这些工业遗产是文化遗产的重要组成部分。加强工业遗产的保护、管理和利用，对于传承人类先进文化，保持和彰显一个城市的文化底蕴和特色，推动地区经济社会可持续发展，具有十分重要的意义。

为此国家文物局要求各地文物行政部门应结合贯彻落实《国务院关于加强文化遗产保护的通知》精神，按照科学发展观的要求，充分认识工业遗产的价值及其保护意义，清醒认识开展工业遗产保护的重要性和紧迫性，注重研究解决工业遗产保护面临的问题和矛盾，处理好工业遗产保护和经济建设的关系。

同时，各地文物行政部门应努力争取得到地方各级人民政府的支持，密切配合各相关部门，将工业遗产保护纳入当地经济、社会发展规划和城乡建设规划。认真借鉴国内外有关方面开展工业遗产保护的经验，结合当地情况，加强科学研究，在编制文物保护规划时注重增加工业遗产保护内容，并将其纳入城市总体规划。密切关注当地经济发展中的工业遗产保护，主动与有关部门研究提出改进和完善城市建设工程中工业遗产保护工作的意见和措施，逐步形成完善、科学、有效的保护管理体系。

此外，还应该制订切实可行的工业遗产保护工作计划，有步骤地开展工业遗产的调查、评估、认定、保护与利用等各项工作。首先要摸清工业遗产底数，认定遗产价值，了解保存状况。在此基础上，有重点地开展抢救性维护工作，依据《文物保护法》加以有效保护，坚决制止乱拆损毁工业遗产。

《通知》还要求各地，要像重视古代的文化遗产那样重视近现代的工业文化遗存，深入开展相关科学研究，逐步形成比较完善的工业遗产保护理论，建立科学、系统的界定确认机制和专家咨询体系。开展对工业遗产价值评判、保护措施、理论方法、利用手段等多方面研究，并形成具有一定水平的研究成果，从而指导工业遗产保护与利用的良性发展。

国外由于工业化进程早于我国，在对工业遗产景观保护研究、涉及内容、管理措施以及保护利用模式等方面早于我国。但是随着城市经济的持续发展、产业结构的调整，以及人们对历史文化遗产保护的认识程度不断提高。我国的工业遗产保护已经从过去对相关概念诠释、理论介绍、案例借鉴，逐渐过渡到探索我国工业遗产的保护、利用以及管理等方面的研究；从民间的个体保护上升到政府主导下的全民保护。尽管我国在工业遗产保护方面还处于起步阶段，但在局部的研究和实践方面仍然取得了让世人瞩目的成绩。

三、发展中存在的问题

长期以来，人们习惯于把那些历史悠久的文化遗存作为文化遗产悉心加以保护，而对于近现代重要史迹及代表性建筑的保护不够重视，特别是其中的工业遗产景观更较少得到人们的认同和保护，其价值尚未得到广泛认可。虽然工业遗产保护在我国各地逐步开展起来，但由于我国工业遗产保护总体起步较晚，加上相关的法律法规不完善，我国工业遗产得不到有效的保护。从我国工业遗产保护发展历程可以看出，我国有些遗产保护的开发模式基本与国外一致，但在开发深度、开发对象和开发范围方面与国外存在很大差距，存在着不少的问题。

（一）政府部门的重视不够

当前，我国工业遗产列入各级文物保护单位的比例较低；对工业遗产景观的数量、分布和保存状况不了解。没有系统的保护理论使得保护观念无法普及，也无法制定合理的保护政策，当工业遗产景观的保护与各方利益相冲突时也常常会得不到相应的保护政策支持，这主要表现为工业遗产保护主体不明确以及政府在工业遗产保护工作中的缺失。从国外工业遗产保护成功的经验来看，工业遗产的保护离不开政府的大力支持。政府应该引导市场运作，更多关注非营利性的公共服务平台整合社会资源，搭配相关产业链。同时，政府还应该在配套设施建设和后期经营管理中给予关注和支持。

（二）相关理论和法规的缺乏

工业遗产保护在我国还是一个新生事物。无论是理论还是法规上都还处于起步阶段。到目前还缺乏完整的系统理论和法律法规，保护理念和经验也严重匮乏。在法律法规方面，我国目前现行的《文物保护法》及各地方法规是针对历史文物保护的唯一法规，但工业遗迹由于自身年代一般不够久远，绝大多数无法列入受文物法保护的范围之内。没有法律的约束，大量的工业遗迹被肆无忌惮地拆毁，让很多有价值的工业遗产销声匿迹，这也是大多数工业遗产面临保护与城市建设的矛盾而相持不下的根本原因。

（三）对工业遗产的认识不足

对工业遗产的认识不足，也是当前存在的问题之一。在工业文化的影响之下，工业遗产建筑的外观多以粗犷、朴实为主，其外观远不如古建筑艺术考究，大多数人认为从生产领域淘汰下来的内容是废弃物，既形象丑陋，又曾有过噪声、粉尘、有害气体等污染，是城市以及企业进一步发展的包袱和障碍，应将它们彻底拆除清理，代之以新的开发项目。于是在城市建设的大浪潮中对工业遗产建筑不加区分的推倒重建，导致大部分有历史价值的工业遗产景观消失。国家文物局局长明确提出："工业遗产不是城市发展的历史包袱，而是宝贵的财富。只有把它当作文物资源，人们才会珍惜它，善待它。"然而为了改善城市环境，获取发展空间而大拆大建绝不是值得推崇的唯一取向，而是对社会资源和工业遗产的浪费，乃至摧残。直到国外优秀的工业遗产保护的项目出现后，国内大部分人意识到工业遗产有存在价值的必要性，并着手于这类建筑的改造和再利用的实践。

（四）价值评价体系不完善

工业遗产景观资源的评价是一项极为复杂的工作，涉及自然、历史、地理、气候、经济、科学、技术等各个方面。工业遗产资源价值评价数据是确定其是否值得开发、如何开发、何时开发、为谁开发以及开发方向如何等问题的重要依据。因此，工业遗产景观保护的价值评价体系对我国的工业遗产保护再利用开发有着重要的作用。国外一般采用定性的评价方法，例如，英、法、美、日等国家实行的文物登录制度对包括工业遗产在内的历史遗产都有明确价值定性评价标准。而我国目前并未形成完整的工业遗产景观评价体系，致使许多工业遗产保护再利用资源价值未能得到认可。工业遗产保护再利用资源价值的模糊性，直接阻碍了我国工业遗产保护再利用开发的热情，同时也导致了工业遗产保护再利用开发的盲目性。

（五）与城市发展建设的矛盾

首先，造成城市用地紧张。我国大城市一般都是由工业基地的基础上发展起来的，工业用地在城市建设用地中占有很大比重。我国大城市平均工业用地占建设用地的比重，1981年为26.5%，1990年为26.6%，而发达国家大都市的工业用地一般只占城市建设用地的

8%~10%。旧工业用地随着城市发展和扩张，土地的价值普遍提高，但由于被工厂占用，土地的级差效益没有得到充分体现，实际上造成了国有资产的流失和有限的城市土地资源的极大浪费。许多工厂占据着旧城区的黄金地段，城市里有限的土地资源没有得到充分的利用，土地的区位效益没有得到充分利用和发挥。

其次，造成环境污染。旧工业区污染也是造成城市环境污染的一个重要原因。一些工厂在其生产过程中向外排放大量有毒有害气体、烟尘、污水，对城市的生存环境构成威胁。插建在居住区内的工厂产生的噪声及排放的“三废”更是扰乱了居民的正常生活。

最后是资源消耗和城市基础设施的过度负担。老城区企业大多为劳动和资源密集型企业，耗水、耗电、耗煤量远高于一般的住宅、商业和高技术企业。同时，由于工业原料及成品的进出，加剧了城市交通压力，使城市道路和基础设施负担过重。

因此，由于我国旧工业建筑在原先建设初期就存在的布局零乱、占地大、土地利用率低、高污染等问题，在城市高速发展过程中成为亟待改造的对象。

四、工业遗产景观的保护措施

（一）建立完善的保护机制

工业遗产景观保护的良性发展，需要健全和完善工业遗产景观保护机制。保护机制是由政府、工业企业、开发商三者共同协商、互相协作的基础上建立起来的，任何一方的职能缺失都会致使保护机制的失效，从而影响工业遗产保护的发展。完善的保护机制应当由政府牵头，通过各种优惠政策加大公众投资，以及补助、贷款、共同投资等政策，引导建筑的再开发利用，从而带动对工业遗产的重点关注。

我国的工业遗产保护虽处于初级阶段，但可以借鉴国外的经验，由政府投入启动资金以完善待改造的旧工业区内的基础设施，然后卖给开发商并由其进行投资改造开发。政府可以为有良好规划构想但资金不足的企业提供部分资金或帮助企业获得贷款。同时，政府应对整个区域结构进行规划调控，对一些如保持原有建筑风貌等的具体改造也可制定相应的限制规定。同时，作为一项有着社会价值的工程，社会公众同样有义务为工业遗产的保护出一份力。比如在费用筹集方面，除了政府支持之外，社会募集资金也可以占有一定比例。

（二）开展普查等相关工作

工业遗产景观作为一种特殊的文化资源，它的价值认定、记录和研究首先在于发现，所以当务之急是应尽快开展普查、论证、评估和认定工作，安排专项经费组织编制工业遗产建筑保护规划，尽可能多地把优秀工业建筑保护下来。面对数量庞大的工业遗产，通过普查及时准确地掌握第一手资料，进而建立起我国的工业遗产清单。同时普查与认定、评估和研究的过程，也是宣传工业遗产重要价值和保护意义的过程，是发动企业和相关人员投入工业遗产保护的过程。

首先，要通过普查做到摸清家底，心中有数；通过规划，借鉴文物保护和历史文化街区保护的经验，划定保护范围和建设控制地带，制定具体的保护措施，合理确定各项经济技术指标，使之在城市建设大潮中得以保存。

其次，规划部门应与相关部门密切合作，指定符合客观实际的政策和技术规定，使工业遗产的保护在用地范围、使用功能、经营模式等方面更加科学合理。

再者，加强保护工作的科学性和规范化。按照城市发展的客观规律，指导和把握城市规划建设向健康方向发展。避免在城市建设的经济大浪潮冲击下遭到破坏和毁灭，将这一大批不可再生的宝贵城市文化遗产得以真实、完整地传承下去，也让我们的城市在可持续发展中保护城市的记忆，同时又在可持续发展中延续和增加城市记忆。

（三）完善相关法律和法规

现行文化遗产保护法规在有关工业遗产的保护方面不够明确和完善，有待在进一步研究、论证的基础上加以充实。因此应尽快开展工业遗产保护相关法规、规章的制定工作，使经认定具有重要意义的工业遗产通过法律手段得到强有力的保护。

首先，要逐步形成和完善工业遗产保护理论，建立科学系统的界定确定机制和专家咨询关系，制定合理有效的法律法规。制定可行的工业遗产保护的工作计划，编制工业遗产保护专项规划，并纳入城市总体规划。其次，鉴于工业遗产既是文化遗产的不可缺少的组成部分，又有其自身的特点，因此在立法保护方面应充分考虑其特殊性，以使其完整性和真实性得到切实的保护，并应设立专家顾问机构对工业遗产保护的有关问题提出独立意见。

建议采取政府组织专家领衔、公众参与的办法，使全社会都认识到这些遗产的价值。

（四）全局规划和统筹安排

现有的工业区更新，尤其是在旧工业企业搬迁后，用地调整与规划都是单独进行的，缺乏整体规划的协调与控制。需要通过总体布局，在进一步制定城区污染扰民工业的搬迁安置相关政策及实施办法时，通过对工业用地置换后的研究，确定近郊区工业区更新发展策略，合理安排新工业园区，确保城市经济的发展潜力。同时，通过城市设计的方法研究更新后的物质空间环境改善的可能性等。对旧工业区的更新再利用涉及城市产业结构调整，城市用地结构调整，城市空间结构的改变和城市形象及环境的变化等许多方面，需要制定全局规划，进行统筹安排。统一规划，分期实施是实现旧工业区更新的有效途径。

旧工业区更新的策略包括经济、社会、文化、生态等不同方面。而对于旧工业区的复兴，必须要挖掘自身的经济文化潜力，借助社会和生态整治，利用大项目的带动和示范效应，造就地区发展新的契机，实现可持续的城市发展。

旧工业区更新的途径主要指工业用地的调整，城市旧工业区可以保持工业用地性质，或更新为居住用地、商业用地、公园绿地等不同性质的用地。随着工业社会向后工业社会的转变，从强调纯粹的功能分区逐渐转向提倡土地的混合使用开发，以此促进市中心和郊区的全面更新，形成多样复合、充满活力与生机的城市地区。

（五）保护和利用协调发展

在保护利用中发展，在发展中保护利用，两者的关系是辨证统一的。保护再利用是赋予工业遗产新的生存环境的一种可行途径。对于未列入文物保护单位的一般性工业遗产，在严格保护好外观及主要特征的前提下，审慎适度地对其用途进行适应性改变通常是比较经济可行的保护手段，可以为社会所接受和理解。这在一些发达国家就得到了很好的实践。国内在北京、上海、无锡等一些城市也开展了工业遗产保护运动，并取得了较好的效果，积累了许多经验。

我们应提高对现存工业遗产的保护，加大改造和再利用的认识与运作力度，对所剩不多且具有价值的工业遗产，应立即采取有效的保护性再利用措施。合理利用工业遗产，使其发挥更大的价值。在科学研究的基础上，按照“保护为主、抢救第一、合理利用、加强管理”的文物工作方针。对已确定保护、保留的对象逐一进行分析和研究，更进一步地深化设计，严格按照工业遗产保护的要求，为工业遗产的改造再利用带来文化与经济的双重价值。认真落实城市设计、建筑设计与景观设计关于工业遗产的相关内容，保证设计内容在实施的全过程中得到全面贯彻。

（六）立足国情走创新之路

保护工业遗产既是历史赋予我们的责任，也是建设节约型社会，构建和谐社会的需要。我们应借鉴国内外工业遗产改造和保护的成功案例，研究现有停产工厂的利用方法，为社会、为原来的职工服务。如北京798艺术区等，在立足本国国情的基础上开展工业遗产保护再利用的活动，对工业遗产进行合理有效地保护，充分发挥其巨大的经济效益和社会效益，寻找一条适合我国国情的工业遗产保护之路，一条创新型的保护性利用之路。

五、工业遗产景观的保护模式

掌握工业遗产的属性是探讨工业遗产保护开发模式的关键。工业遗产作为一种工业文化遗存，有着自己的形象和空间组成特点，它以“工业语言”表现着它自身所具备的“工业美”。它还是承载工业文明的遗存物，是逝去的工业时代的标志和见证，也是记录城市历史、体现城市特色、“阅读”城市的重要物质依托。对于有价值的工业遗产，不论是弃置或是将它们全部拆除，都将会是历史文化的损失，是资源的浪费。我们应该以“保留—再利用”的思想对待具有历史价值的工业遗产，使它在城市的建设中成为更具有地域特色与历史文化的新亮点。

工业遗产景观保护具有广阔的发展空间，可以将其改造为主题博物馆、商业中心、城市开放空间和创意产业聚集区等，它能很好地与时尚、怀旧等要素结合，迎合都市人群的品味。工业遗产保护再利用能帮助衰退中的老工业区"变废为宝"，缓解地区衰落和就业难的困局，实现同城市发展中形象效益和经济效益的双赢。只有合理的开发利用才是对工业遗产最好的保护，对工业遗产原有空间的改造或扩建、对其建筑形式的改造、对工业遗产的更新和再利用、对工业遗产的外部环境景观的设计等各个方面又因各自不同的特点而分为不同的保护开发模式。我国各个城市的旧工业区因为不同的城市特色和发展特点，有其各自的特色。综合国外工业遗产保护的开发实践，工业遗产景观的保护大致存在以下六种不同的开发模式。

（一）旅游开发保护模式

广义的工业旅游其中包括工业遗产旅游（Industry Heritage Tourism）和现代工业旅游（Modern Industry Tourism），是以工业生产过程、工厂风貌、工人生活场景、工业企业文化、工业旧址、工业场所等工业相关因素为吸引物和依托的旅游，是伴随着人们对旅游资源理解的拓展而产生的一种旅游新概念和产品新形式。

工业遗产旅游是一种从工业考古、工业遗产保护而发展起来的新的旅游形式。首要目标是在展示与工业遗产资源相关的服务项目过程中，为参观者提供高质量的旅游产品，营造一个开放、富有创意和活力的旅游氛围。通过寻求工业遗产与环境相融合，成为工业遗产保护的积极因素，从而促进对工业发展历史上所遗留下来的文化价值的保护、整合和发扬。在工业遗产分布密集的地区，可以通过建立工业遗产旅游线路，形成规模效益。

英国学者J. Arwel Edwards提出，工业遗产保护再利用应被纳入更广泛的"遗产旅游"框架中；美国学者Dallen J. Timothy亦指出，个性化的遗产旅游具有广阔的空间。格拉汉姆把工业遗产保护再利用归结为人们的"怀旧情结"，尽管工业时代还未真正成为过去，而信息时代对传统生活的颠覆、大都市的"逆工业化"趋势，以及"后现代"的来临，使人们产生了对工业技术以及这种技术所衍生的社会生活的怀念和失落感，进而催生了"后现代博物馆文化"即传统的工矿企业成为人们体验和追忆过去的场所（格拉汉姆·丹，2001），因此，在保护工业遗产的同时，进行适度的旅游开发，从而促进遗产地经济的繁荣和历史文化的传承，已经成为当今社会的一个热点问题。

工业遗产旅游在我国开始的时间不长，无论在理论上，还是在实践上都处于探索起步阶段，特别是适合开展旅游活动的各类工业资源的保护工作较为薄弱，合理利用存在着明显不足。这主要是受到工业化客观因素的制约。一方面由于我国工业化的历史不长，工业遗产资源以及其他各类可以转化为旅游资源的工业资源不多，大部分工业企业开展旅游活动的经营经验不足和条件也不成熟。另一方面，在许多人眼中，工业时代遗留下来的东西是落后的、污染的。它作为工业生产的最初形态，与各类历史文化古迹遗址相比，工厂、煤矿、铁路和其他工业遗产的价值和保护一直被忽略。

针对这一实际情况，吴仪副总理在2005年5月曾强调指出：我们现在有农业旅游、生态旅游产品，还要有与工业化相联系的现代化的旅游产品。从这个意义上讲，总结相关国际经验，分析我国工业旅游发展的现状以及面临的机遇和挑战，对于实现工业旅游又好又快发展，走新型工业化道路，促进经济社会协调发展具有特殊的意义。

我国有着丰富的工业遗产资源可以发掘，截至目前，开展工业旅游活动的各类工业企业已遍布全国29个省（区、市），全国工业旅游示范点总数已达271家，涵盖了从传统手工艺、民族特色工业到现代生产、高科技等各类工业生产领域。从工业旅游的地域分布上来看，江苏、辽宁、浙江、广东、上海、北京等工业化程度较高的地区，往往也是工业旅游发展比较迅速、发育程度比较高的地区。在北京和上海，工业旅游与都市旅游相映生辉；在东北，工业旅游成为老工业基地实现发展转型的新亮点；在民营经济最为发达的江浙地区，工业旅游已经成为众多民营企业在规划建设中的重要选项。但目前我国工业遗产旅游尚未形成较大的规模，具体实施的操作经验相对匮乏，我们可以借鉴其他国家开发成功的案例，针对我国的具体情况来进行开发。

总之，依托工业资源、特别是工业遗产，将其开发成工业旅游不仅是旅游开发创新，也是转型经济新思维，更是以新视角审视旧事物而发现新价值，从而进一步加强对工业遗产的保护，也实现工业资源的综合集约利用。从操作角度看，它不仅有助于旅游安全环境完善、旅游舒适环境完善和遗产保护环境完善，也是治害、保护、旅游开发三者互惠互利的新模式。

（二）公共空间保护模式

在政府机构主导下，对那些占地面积较大，厂房、设备等具有较大保留价值的工业遗产，可考虑将其改造为公园或广场等一些公共开放空间。建造一些公众可以参与的游乐设施，作为人们休闲和娱乐的场所，是完善城市功能、改善城市环境的重要举措。这种开发模式成功的案例以彼得·拉茨设计的北杜伊斯堡公园最为典型。公园的前身是个衰落的钢铁厂，厂区内遗留下大量的工业构筑物和废弃的生产设备，拉茨通过对厂区内的环境和厂内的工业元素进行改造，如将废旧的贮气罐改造成潜水俱乐部的训练池，将堆放铁矿砂的混凝土料场改造成青少年活动场地，墙体被改造成攀岩者乐园，一些仓库和厂房被改造成迪厅和音乐厅，甚至交响乐这样的高雅艺术都开始利用这些巨型的钢铁冶炼炉作为背景，进行别开生面的演出活动。公园将工业遗产与生态绿地交织在一起，最突出的特色是强调工业文化的价值，体现在对废弃工业场地及设施保护与利用的理念和对策上。（如图7-1所示）

在国内由俞孔坚教授主持设计的中山岐江公园是将工业遗产地改造成城市公共开放空间的经典案例之一。案例地原为粤中造船厂，是地方性中小规模造船厂，地处热带。始建于

图7-1　德国北杜伊斯堡景观公园
图片来源：https://you.ctrip.com/photos/sight

1953年，1999年破产，2001年改造为综合性城市开放空间，供市民开展休闲游憩活动。设计保留了场地原有的榕树，驳岸处理、植物栽植等方面也体现自然、生态的原则。改造过程中充分利用厂区遗存的工业元素，如烟囱、龙门吊、水塔等，同时掺插以现代景观环境小品，运用景观设计学的处理手法，展现了工业美学特征。

（三）历史展示保护模式

工业遗产能反映出当时工业化过程的特定阶段或者功能，也具有了物质文化意义。因此，在原址上修建工业博物馆比在传统博物馆中展出旧有物品更方便，也更生动。它可以通过展示一些工艺生产过程，从中活化工业区的历史感和真实感，同时也能激发市民的参与感和认同感，还可以作为艺术创作基地，开展一些作品展览活动。对于那些具有典型代表意义，并作出过重大贡献的工业遗产，结合工业遗产及构筑物设立主题博物馆、展示馆、展示厅、纪念馆等形式进行保护和展示，这样也可以最大限度地对历史信息进行保护，同时也可以对其进行开发利用。

在我国也有成功的案例——福建船政工业遗产的开发再利用。福州的马尾船厂部分保留旧有的厂房和设备形态，展示造船工业的历史与文化价值。船政绘事院（即船舶设计所，1867年建成）目前已作为厂史陈列馆。厂史陈列分为近代部分（船政）与现代部分（造船厂），陈列沙盘、舰模、图片、实物等，展现中国造船发展史、海军建设史、近代史上重大事件以及改革开放后百年老厂发生的巨大变化，另外马江海战纪念馆、中国近代海军博物馆、船政精英馆等也陆续建成开放。

（四）创意产业开发模式

大多数的工业建筑由于地处市中心，早期租金较便宜，更重要的是这些老厂房、旧仓库背后所积淀的工业文明和场地记忆，能够激发创作的灵感。加上厂房开阔宽敞的结构，可随意分隔组合，重新布局，受到艺术家等创意产业从业者的青睐。从20世纪50年代开始，美国艺术家利用城市中的旧厂房创造了“苏荷区”的童话，至今这种风尚愈演愈烈。艺术家及创意人士所需要的是城市生活而激发的创作热情，而工业建筑所特有的历史沧桑感和内部空间的高大宽敞正能为艺术家们和创意人士提供这种迸发创意灵感的特质场所，所以工业遗产和创意产业能够得到很好的融合。

目前全球资源趋于紧张，地球环境日益恶化，怎样做到发展和保护并存，我们不能为了经济而破坏环境，也不能为了环境就停止发展，这就给人体提出了更加严峻的考验，显然创新是唯一的出路，既环保又节约能源的新型产品和服务才是未来的主流。

北京798工厂是20世纪50年代苏联援助中国建设的一家大型国有工厂，东德负责设计建造，秉承了包豪斯的设计理念。当工厂的生产停滞以后，一批全新的创意产业入驻，包括设计、出版、展示、演出、艺术家工作室等文化行业，也包括精品家居、时装、酒吧、餐饮等服务性行业。

在对原有的历史文化遗留进行保护的前提下，他们将原有的工业厂房进行了重新定义、设计和改造，带来的是对于建筑和生活方式的创造性的理解。

（五）综合功能保护模式

这个模式是从整个区域来看，工业建筑往往成片集中建设，特殊的时代烙印使其可以作为整体展开复兴计划，即对一区域的工业遗产进行统一开发，称之为综合开发模式。

例如，德国鲁尔区工业遗产旅游一体化开发，它以19个工业遗产旅游景点、6个国家级博物馆、12个典型的工业聚落为一整体进行组合开发，从而形成了一条包含500个地点的25条专题游览线。对具有改造潜力的工业遗产，也可进行适当的改造，可考虑对其进行集参观、购物、娱乐、休闲等于一体的综合多功能开发。经过改造赋予新功能，即保持原有建筑外貌特征和主要结构，进行内部改建，空间重组后按新功能使用。

该模式的典型代表是位于奥伯豪森（Oberhausen）的中心购物区。奥伯豪森是一个富含锌和金属矿的工业城市，1758年在这里建立了鲁尔区第一家铁器铸造厂。逆工业化导致工厂倒闭和失业工人增加，促使该地寻找一条振兴之路，而奥伯豪森成功地将购物旅游与工业遗产保护再利用结合起来。它在工厂废弃地上依据摩尔购物区（Shopping Mall）的概念，新建了一个大型的购物中心，同时开辟了一个工业博物馆，并就地保留了一个高117米、直径达67米的巨型储气罐。购物中心并不是一个单纯的购物场所，还配套建有咖啡馆、酒吧和美食文化街、儿童游乐园、网球和体育中心、多媒体和影视娱乐中心，以及由废弃矿坑改造的人工湖等。而巨型储气罐不仅成为这个地方的标志和登高点，而且也成为一个可以举办各种别开生面展览的实践场所。奥伯豪森的购物中心由于拥有独特的地理位置以及优越便捷的交通设施，已成为整个鲁尔区购物文化的发祥地，并有望发展成为奥伯豪森市新的城市中心，甚至也是欧洲最大的购物旅游中心之一，吸引了来自周边国家购物、休闲和度假的周末游客。综合开发模式可以弥补工业遗产保护再利用功能不足、产品单一的缺陷，它是提升旧工业区整体形象，扩大工业遗产开发外延的最佳开发模式之一。

第三节　工业遗产景观的规划

一、规划原则

（一）挖掘场所精神

在对工业遗产景观改造的过程中，必须深入挖掘工业场地中的隐含特质，发现其特别之处，充分了解场地的历史人文情况和自然地理条件，这样才能使公众更好地体会到工业场所的精神特征。工业遗产、遗迹是城市发展的见证，保留了城市古老的记忆，对其进行良好的整理、分类、存储，是对城市文化的尊重，也是对城市文化的延续继承，同时也为创造出富有个性的城市景观提供了可能性。

（二）尊重工业文化

工业遗产属于文化遗产范畴，工业文化是城市文化的重要组成部分，是城市发展史中不可或缺的一部分。工业化过程中，城市的历史和城市居民的生活记忆都保留在工业遗产中，所以说工业遗产是整个城市意识的代表，蕴涵着无形的思想、精神，这些无形的抽象概念就是工业文化。在工业遗产保护和规划过程中，构成景观的各类元素都是为了展现出工业文化与文明，工业文化起到了主导作用。

（三）人性化设计

在进行工业遗产景观的保护与规划时，要对遗址中的各类自然、人文要素进行统一的规划设计，保证其协调性，最终将工业遗址景观打造成能够让旅游者体验工业文化、寻求精神归宿的旅游点。充分考虑目的地的休闲、娱乐、科教等其他活动的融洽性，使其成为集多种功能于一体的多功能体验场所。通过对景观要素的合理设计、游览路线的精心安排以及公共基础设施的完善，最大限度地满足市民和游客的需求。同时，为了使遗产景观更具有吸引力，要注重体验者的参与性和个性化需求，让市民和游客满意。

（四）保障景观生态性

景观的生态性是指在深入理解生态学思想的基础上，尽量减少对场地的人工干预，最大限度地提高资源的利用率，减少对环境造成的污染，同时还要维持场地内部及其周边的生态平衡。由于工业遗产景观的构成基础是自然结构，因而保证景观的生态性显得尤为重要。在对工业遗产景观进行修复、改造之前，要充分了解遗址地的生态结构，在不破坏原有生态结构的条件下进行保护与规划。在这过程中，对于构成遗址地生态环境的自然条件，应当得以改善，使之能够更好地为工业遗产旅游服务。

二、工业遗产景观的规划思路

（一）分阶段开发

工业遗产景观的开发是一个循序渐进的过程。以遗产地的现代工业旅游为基础，优先发展学生与本地市场，设计出厂区参观、资料展示和生产线体验的旅游路线，并增加一定量的参与体验性活动，重点体现工业遗产的知识性。在激发旅游者对传统工业的兴趣，在寻求工业发展历程的心理作用下，工业遗产旅游的需求得到了增加。这时，应联合政府、企业、旅行社与媒体的宣传与推广，增加旅游者对工业遗产体验的感知。在本地市场稳定的情况下，精选具有特色的工业遗产资源进行专题开发，配以城市发展主题的常规线路，并结合新兴旅游项目，吸引外地游客。针对海外市场，紧扣传统工业、技艺这一主题，开发相关的工业遗产景观，强调工业遗产景观旅游的历史性与体验性，融求知、参与、消费于一体。

（二）形成特色主题路线

在发展工业遗产旅游的过程中，应充分分析遗产价值，在对旅游者需求做出精确的调研、判断后，明确目标市场、定位遗产等级并融入具有城市特色的主题旅游线路。针对不同的目标市场应采用不同的营销策略，打造不同的特色主题，使遗产地产生极大的吸引力，吸引游客前去参观、学习、休闲。例如，针对学生市场，要注重知识性的打造，满足其求知需求；针对工业企业人员，要注重遗产结构的分析，使其能够在参观中有所启发，更好地发展自身企业；针对城市老年居民，要注重工业遗产文化和城市记忆的讲解，满足其对以往生活的回忆；针对年轻团体，要注重参与性项目的开发，满足其好奇心，丰富其经历等。

（三）整合区域遗产资源

整合区域遗产资源，既是遗产地发展的机遇，也是遗产地发展的挑战。区域遗产资源的整合可以实现叠加效应，提高整体的影响力。同时，整合区域遗产资源也会使遗产地出现的竞争力增加，市场份额减少等问题。区域遗产资源的整合有不同种类型：按地域，可分为城市内资源整合、与周边城市整合；按工业类型，可分为同种工业遗产资源整合、异种工业遗产资源整合；按时间，可分为同时代传统工业遗产整合、传统工业与新型工业资源融合等类型。

（四）加强政府、开发企业、旅行社及传媒企业的合作

我国的工业遗产景观开发与保护才刚刚起步，如若遗产地政府、开发企业、旅行社以及多种媒介企业合作，联手打造遗产地精品路线，构建工业遗产景观品牌，则能形成完善而见效明显的品牌效益。其中，政府起主导、支持和协调作用。在这过程中，政府首先可以组织市民或其他针对性群体，免费参观有代表性的工业遗迹，在让市民逐渐了解、认同工业遗产文化后，可以结合城市的历史文化或者相关的节庆活动，增加宣传效应，扩大遗产景观影响力和影响范围。其次，政府应积极开展区域资源整合，形成工业景观综合体，增强对旅游者的吸引程度。最后，政府应完善遗址地的基础设施建设，努力吸引投资，并在遗址规划过程

中给出指导性建议。开发企业应充分发挥主体地位，开展各项工业遗产旅游项目，创新工业遗产旅游产品，积极配合政府的政策法规，更新观念，加强合作。旅行社及各类传媒企业，是工业遗产旅游宣传中的重要媒介，应扩宽其营销面，在政府指导下大力宣传工业遗产景观旅游，突出遗产景观特色。同时可以培养一批专业性人才，进行营销和路线设计；通过游客反馈和评论等渠道，促使工业遗产旅游逐渐成熟发展。

三、工业遗产旅游的开发机制

（一）以资源扩张资本

在古典经济学中，工业企业是资本、人力及其他生产要素的具体转换空间，是一个投入产出的生产函数，是追求“利润最大化”的经济符号。但是，随着世界范围内的社会经济变革，许多曾经在中国工业化过程中有过辉煌历史的老工厂成了工业遗址，它们承载着特定的城市记忆，体现了历史文化积淀，所以，这些工业遗存本身也成为城市发展的一种文化资源。将工业遗产作为旅游开发的资源，是要包括作为工业遗产的各部分资源的总和，旧的厂房、建筑、车间、生产线、工人曾经的生产生活状况等，甚至还包括人们对当年那些旧工厂的一种怀旧心理与好奇心理。

以资源扩张资本，是工业遗产旅游发展的重要基础。为此要充分发挥市场化机制的作用，将各种有形资源和无形资源进行有效整合和优化配置，使之更好地满足游客的多种需要。例如，紧紧围绕遗产教育、休闲体验两条主线，多方面发掘独具个性的遗产资源优势，集聚优质资本，为实现旅游资源向旅游资本转变搭建平台，提供契机，最终通过资本集聚推动遗产资源的开发向广度拓展、向纵深推进。

（二）以资本创新产品

通过遗产资源的独特性吸引先进的旅游资本，目的是集聚资本优势，更好地开发和利用遗产资源，创新旅游产品，为旅游者提供与众不同的旅游体验。

随着旅游业的发展，单一的观光产品已经不能满足现代旅游者的需求。工业遗产旅游产品开发，应以良好的自然和人文环境为依托，积极调整旅游资源开发方向，在一种或几种具有特色优势或在国内外享有盛誉的工业项目或产品基础上，通过各种旅游配套设施的建设，协调发展旅游业食、住、行、游、娱、购等几大要素，提供工业主题产品、观光产品、休闲度假产品共同发展的旅游产品组合。

（三）以产品拓展市场

工业遗产旅游资源，是指具有历史价值的工厂建筑、工业景观、产品生产线和产业工人曾经依存的生产生活场景等，开发利用这些资源来设计和创新旅游产品，目的是以资源为依托，以产品为中心，以市场促销为动力，拓展客源市场，提高工业遗产旅游的市场竞争力。

在体验经济背景下成长的现代旅游业是一个由创造力经济、形象力经济和竞争力经济所共同支撑起来的产业。工业遗产旅游开发要求企业具有迅速适应变化和主动制造变化的能力，以整合的观点来看待工业遗产旅游内部要素和外部环境，对市场潜力进行深入透析，尝试将品牌培育与市场拓展结合起来，实现市场竞争力。

工业遗产旅游既要通过产品创新不断适应客源市场多样化的需求，更要把独特的工业遗产旅游资源经过提炼和升华，打造成特色鲜明的产品形象。在此基础上进行营销策划和产品推介，把宣传与推广见证了城市变迁与发展的工业遗产旅游产品与增加老城魅力、提高区域知名度结合起来，从而展现独特的历史文化，有效地拓展旅游客源市场。以遗产旅游丰富地区旅游的游览内容，提升地区旅游的产业素质，使旅游产业真正成为一个内涵广泛、发展空间巨大的产业，并最终实现遗产旅游的可持续发展。

四、工业遗产旅游的开发策略

（一）资金扶持，政策保障

工业遗产旅游是目前工业遗产景观保护与开发利用最普遍的模式之一。具备工业遗产旅游的很多城市，曾经是为国家作出巨大贡献的资源型城市。1994年分税制以来，资源型城市经济水平逐渐滑落，地方财政很少。部分资源枯竭型城市财政支出远大于财政收入，是没有财力开发工业遗产旅游的。工业遗产旅游是资源型城市特别是资源枯竭型城市产业结构升级优化的捷径，需要大量的资金扶持。国家相关部门应该给予相当的支持，特别是从资金上给予支持。此外，要坚持政府引导支持，用市场化运作的方式来开发工业遗产旅游。工业遗产是固定资产的固有特点，决定了无法完全靠市场化开发工业遗产旅游。

资源型城市的财力很有限，无法完全靠政府的财力补给。同时，工业遗产旅游也是一项系统的工程，里面包括了生态环境的治理和恢复等内容，必须要解放思想，多方面筹集资金，尤其是后期的开发须走出一条市场化的路子。在旅游业发展中，地方政府还需加快相应的旅游产业政策、法律法规、企业规章制度的制定，加快交通、旅馆、饭店等旅游基础设施的建设改造，为旅游业的发展营造良好的外部环境。

（二）摸清家底，整合资源

对工业遗产的数量、分布和保存状况要做到心中有数，界定分明。具体做法是：通过翔实的调查，将其登记在册，并制作位置图；将调查的工业遗产资源完备的外观特征和场址情况进行梳理并登记、建档，记录应包括对物质、非物质遗产的描述、绘图、照片、影像等资料；加强宣传教育，积极发动群众，引导和调动社会力量参与工业遗产的保护与再利用，充分发挥社会力量在工业遗产调查、认定、信息传播、研究成果和保护利用等方面的积极作用；在城市更新改造、工业企业搬迁过程中发现有价值的工业资源，有关方面应及时向市工业、规划及文物部门报告，在调查和研究确定工业遗产价值后，依法予以保护和再利用。与此同时，还要将旅游业和服务业进行一体化开发；整合并打通缺乏吸引游客的旅游线路；打破区域之间和区域内部的限制；通过合理的线路，把景点联系起来，形成区域旅游业一体化，使区域富集的旅游资源变成优势资源。

（三）吸引公众和社会参与

公众共同参与开发是工业遗产旅游重要的开发内容。首先，一些城市文化不仅仅表现在工业遗产上，还表现在普通市民的衣食住行上。目前工业遗产旅游的开发建设仅仅限于一小部分文化圈内部人群，开发范围也仅限于有着特定范围和边界的工厂或矿区，达不到对整个城市体验的效果。吸引公众共同开发的最佳方法是为公众创造就业机会。资源型城市下岗人数众多，他们之前都曾在工业领域工作，专业化程度高，再就业能力弱。通过工业遗产旅游，将他们安置在自身熟悉的行业中。比如采矿工人做专线导游；专业研发人员成为研究介绍工业遗产的专家；有管理矿山经验的人士可以作矿山旅游的景区管理人员。

（四）创意开发，引导体验

1. 构思主题

工业遗产旅游主题是通过旅游各种要素组合所表达出来的中心思想，是开发人员通过对城市工业遗产内涵的发掘、提炼而得出的思想结晶。

城市是区域文化集中表现之地，工业生产生活又涉及方方面面，这样就使得其旅游主题呈现多样化趋势。需要注意的是，所选定的主题是否具有在政治上、道德上、历史观上的进步性；是否具有对人性、对工业历史规律有深入理解的深广性；是否具有统率和组织起全部工业遗产旅游内容和形式的支配性；是否具有在总体上是明确的，而在具体解释上则是多义的开放性。这四点共同决定着资源型城市工业遗产旅游价值的高低，对于城市体验型旅游产品开发具有举足轻重的意义。

资源型城市工业遗产旅游产品主题的提炼和表达，既需要开发人员具有丰富的社会知识和文化知识，又需要开发人员具有较高的艺术修养和精湛的才能，因为它是建立在对城市特殊的形成和发展历史基础之上。不同的开发人员的认识水平、观念不同，即使是相同的题材，其主题深浅也可能有很大的差别。

所以，开发人员应该努力把握住选材要典型、挖掘要深入的原则，用生动、真实、丰富、新颖的表现形式将城市和人的精神风貌展现出来。

2. 制定情节

工业遗产旅游的文化属性较突出，想深入了解文化只能亲身体验。介绍式的解说方法不适用于注重游客自身体验的工业遗产旅游。运用叙事的方法引入“情节”的概念，以期达到使得产品主题能够从作品所提供的情节和场面中自然而然地流露出来，并将游客置于一个个连续的故事之中，为游客主动接受和体验的目的。将工业生产生活的状态归结到旅游的“六要素”基础上，每一个要素都有自己的情节，都有自己的序幕、开端、发展、高潮、结局和尾声。这样的情节是在整体上的“形散而神不散”，而在某些部分上达到“形不散且神不散”。旅游“六要素”的每一个要素是一个相对独立的整体，各要素的构成元素之间、服务人员与游客之间应该具备有机联系，使得情节发展具有逻辑性，即通过发生、发展到解决的全过程。此外，工业遗产旅游中的情节需要有明晰的线索、清楚的开头和圆满的结束。工业遗产旅游是新兴的旅游类型，能否给游客眼前一亮的新颖感，也要通过情节来表现。所以，开发人员在构思情节时，一方面要符合情节发展的一般规律，另一方面又要尽量使得情节具有新鲜感。

3. 创造情境

工业遗产中的厂房、仓库、作坊、货栈等本身就是好的体验场景。首先要在各个场景中设计出中心形象和中心动作，使场景围绕着这个中心发生空间和时间变化。其次需注重细节，借助细节来突显重要的性格特征。然后是运动感。运动感是指内在张力与视觉上变化效果的统一。增加运动感可以防止场景的静止、呆板，缺乏吸引力和视觉刺激。创造情境的具体方法为：

（1）以景寄情。通过工业遗产来寄托主体的情感，使游客的情感借物抒发出来。资源型城市从城市规划到城市建筑，从工厂车间到矿山坑道都散发着城市建设的气息。将这些景串联起来，势必会激发起游客对往昔思念的情感。

（2）情景同构。将游客的感情与资源型城市的城市景观、工矿企业等实体联系起来，以实现情感的对象化。比如“铁人精神”就是大庆，大庆就是“铁人精神”。

（3）意象组合。意象是情景交融的产物，无论是以景寄情，还是情景同构，其结果是创造出意象。工业遗产旅游的意境是由多种意象构成的，这就要求对各种意象进行连接和组合，使之成为一个有机的整体，最终呈现出一个完美的整体意境。比如在金矿游览时，坑道幽暗的光线、狭窄的空间、压抑的氛围共同构成的整体意境是“黄金灿兮、来之不易”。

第八章　城市化进程中的工业遗产保护战略

第一节　城市化进程中的工业遗产保护战略

近年来,我国政府提出大力发展文化产业,将文化产业发展提升到国家战略的高度。国家“十二五”规划纲要中明确提出了要“推动文化产业成为国民经济的支柱性产业”战略。这样,文化产业的产值至少要达到国民经济总产值15%以上。作为文化产业的重要资源之一的文化遗产,怎样在国家发展文化产业战略中发挥其独特的作用,这是我们面临的课题。城市中的工业遗产作为文化遗产的一部分,怎样在城市化进程中成为经济与文化发展的新亮点,成为城市可持续发展的资源,这就需要我们对工业遗产的保护和再利用制定正确的战略。

一、辩证认识城市化发展与工业遗产保护的矛盾

我国城市和工业的发展经历了从晚清洋务运动时期,民族、外资、民国政府开办的工业时期,新中国成立后建设的工业时期和现在进入的后工业时期这几个阶段。当前中国的大多数城市还处于工业化时期,东部地区少部分经济发达的城市已经进入后工业时期,面临产业转型、调整结构、城市更新、规划城市新布局的历史进程。加快城市化发展是国家的战略,我们必须充分认识到工业化、城镇化的深入发展与工业遗产保护的现实矛盾,其最核心的矛盾便是城市化建设对工业遗产保护的“挤出效应”。这必然注定了中国城市化进程中工业遗产保护问题的复杂性、艰巨性和紧迫性。

对城市化发展与工业遗产保护的矛盾,我们必须辩证地加以认识。就事物的自然法则而言,一切事物从生成、发展到消亡都是不可逆的。没有永存,只有新陈代谢才能生生不息。人类创造的城市,也存在于产生、发展、消亡的自然法则之中。在城市发展中,城市新功能的不断出现,新城市逐渐取代旧城市,这是城市的一种自然发展进程。当城市文明的进程突破了旧城功能的局限时,旧城将不得不逐渐退出人们的生活,逐渐缩小直至消失。

“城市建设与文化遗产保护之间是一种对抗性的‘逆关系’。城市化发展的进程越快,文化遗产的消失也越快,这是城市发展中的新陈代谢规律所决定的,除非我们刻意保护它。城市发展需要空间,城市中的不可移动文化遗产占据着一定的城市空间,城市进入高速发展

时期，这类文化遗产必然首先受到冲击，于是打着城市建设和开发旗号的毁坏文化遗产（包括工业遗产在内）的事件频频发生，并且屡禁不止。发达国家的一些城市曾经历过这样一个阶段，20 世纪八九十年代开始到现在，我国也经历着这样的过程。

城市化发展对文化遗产保护具有对抗性，这是矛盾的一个方面。另一方面，城市发展又需要文化遗产。伴随着城市文明而产生的城市文化，在城市发展过程中，也经历着一个新陈代谢的发展过程。城市的新文化在旧文化的基础上产生并逐渐取代旧文化，这也是一个自然过程。文化是精神领域的东西，其形成与演变比物质领域的变化要慢得多，旧的文化形态往往会对新生的事物产生一定影响。新的城市文化不是凭空生成的，而是在旧城市文化中孕育成胎，在其形成过程中，必然要吸收旧文化中的合理部分（即适合城市新情况、新发展的部分）。承前启后、开拓创新是文化新陈代谢的规律。城市文化延续性发展的客观需求，决定了城市文化遗产保护的必要性。文化遗产不能随着旧城的淘汰而一同消失，它应被保护。作为城市文化遗产重要部分的工业遗产，见证了城市工业文明的历程，是城市的历史文脉，蕴含着城市精神，是连接市民社会生活深层情感的纽带，是城市凝聚力的根基。工业遗产在城市化进程中应受保护，这一点也毋庸置疑。正是由于城市化进程中客观上存在对文化遗产的需求，这就为城市发展与工业遗产保护这对矛盾的化解提供了可能。

二、国际工业遗产保护经验给我们的启示

辩证法告诉我们，世界上没有一件事物是一成不变的，任何矛盾在一定条件下都有转化的可能，城市化发展与工业遗产保护这对矛盾也不例外。如何将这两者之间的矛盾由对立的关系转化为非对立，使之和谐相处？发达国家在这方面进行了几十年的探索与实践，积累了一定的成功经验，值得我们借鉴。

发达国家现在对城市发展与工业遗产保护，着眼于城市长期发展的战略，不刻意追求城市短期的经济效益，而注重城市经济与文化的可持续发展。对工业遗产保护，不是为保护而保护，或光讲效益而轻视保护，而是力求在保护中获得社会与经济的双重效益，使之产生经济再循环的“自我造血”机制，从而培育出工业遗产保护事业可持续发展能力。纵观发达国家工业遗产保护与再利用的模式，大致可归纳为以下五种：

一是工业遗产公园（展示工业历史遗址为主体的景观公园）。

二是各种文化设施（有学校、图书馆、展览馆、影剧院、博物馆等）。

三是各种商业用途（如大卖场、旅馆、餐馆、商务办公楼等）。

四是文化创意产业园区（如画廊、广告或艺术创作工作室、小商品店、咖啡厅、小酒吧等）。

五是多种用途混合的多元化（文化、商业）。

上述五种模式又可进一步概括为商业用途与文化用途两类。不同的用途，对工业遗产保护与再利用的侧重与程度上有所不同。工业遗产的文化用途，偏重于保护中的利用，而工业遗产的商业用途,则偏重于利用中的保护。在城市发展中,采用哪一种工业遗产保护模式,首先应根据工业遗产本身的条件(即工业遗产保存的完整性、其价值的大小与确定为受保护等级的高低等)而定。同时,要结合城市发展的整体规划,寻找与城市发展需求的结合点,将工业遗产保护融入城市发展之中。旧工业建筑改造为合适的新用途,其基本原则是:因地制宜,与本地区经济文化发展相适应。总结发达国家各种工业遗产保护模式的成功经验,其核心就是在城市化发展与工业遗产保护之间寻求达到一种平衡。在这种平衡的状态下,城市中的旧工业区域既得到了改造,更新为城市中新的文化空间和经济增长点,同时工业遗产也得到了适当保护与再利用。换言之,即城市发展与工业遗产保护同步并进,既有社会效益,又有经济效益。这方面成功的案例不少,前面章节中已经提到。

我国的工业遗产保护起步较晚,虽然从一开始就注意到发达国家走过的路程,并且在实践中也不断地学习发达国家的经验。但与发达国家相比,我国的工业遗产保护水平还较低,在借鉴发达国家经验中,在有些方面存在简单照搬国外的现象,只学到了一些皮毛,并没有真正学到经验的真谛。要结合国情走出一条符合中国特色的城市化发展与工业遗产保护之路,我们要走的路还很长。

就目前从政府层面而言,毫无疑问,2006年国家文化遗产主管部门发布《无锡宣言》以来,工业遗产保护已经取得一定的成绩,主要有:如期完成了全国第三次文物普查,普查中将工业遗产纳入其中,发现了许多新的工业遗产;在最近几年公布的全国重点文物保护单位,将工业遗产纳入其中,使全国重点文物保护单位中的工业遗产数量较快增长;许多地方政府开始重视工业遗产保护,出现一些利用旧工业建筑(和旧址)改造而成的“创意园区”、工业遗产博物馆和其他用途的不同保护模式;国家国土资源部系统在一些资源枯竭型城市和矿区发起并建设了部分的“国家矿山公园”,既保留了一些矿山工业遗存,修复矿山周围的自然环境,又推动产业结构调整与转型,实施可持续发展战略,为矿山城市的经济转型与发展奠定了基础。

但在这些成绩面前,我们不能盲目乐观,应该看到当前中国的工业遗产保护还面临着严峻的形势,可以用保护与“无知性”“建设性”破坏并存来概括。“无知性”破坏是指一些地方的领导、企业主等,不知道工业遗产的价值,在房地产开发中,偷偷摸摸地将工业遗产拆除;所谓“建设性”破坏,是指打着城市建设的旗号,堂而皇之地将工业遗产毁掉,即使是普查中发现的新工业遗产,只要尚未列入文物保护单位名录,就想方设法要去除,甚至有些是已经被列为县、区级保护的,也未能逃脱被毁命运。就现在看来,这种“建设性”破坏对工业遗产的杀伤力更大。由于在一些地方政府与企业的部分领导中,对工业遗产保护的重大意义认识不足,地方上对工业遗产的破坏行为依然存在。有些地方虽然对工业遗产实施保护,但方法与措施欠得当,使工业遗产再利用方面经济效益偏低,城市发展与工业遗产保护的矛盾依旧突出。从发达国家的工业遗产保护经验中，我们可以得到如下启示：

第一，必须坚持保护与再利用并举的原则，对列入不同保护等级的工业遗产，实施不同程度的保护与再利用政策。

第二，在合理保护、适当利用的基础上，充分发挥社会民间资本的力量，大力实施引进民间资本参与工业遗产保护的战略。

第三，建立和健全工业遗产保护的法律法规体系，建立工业遗产保护的专门组织。

第四，注重工业遗产保护模式的创新和工业遗产博物馆经营模式的创新。

第五，健全和完善政府对社会力量办工业遗产博物馆的直接补贴和其他政策扶持。

三、城市化进程中的工业遗产保护战略

改革开放以来，推进城市化发展一直是中国现代化建设的重要目标和重要任务。党的十六大以来，党和政府不断完善文化遗产保护和城市发展的政策，增加文化遗产保护的人力和财力投入，深化经济体制的改革，有力推动了传统城市向现代化城市加快转变，使我国城市的文化遗产保护发展取得了长足的进步。首先，城市中文化遗产保护的数量增加较快，工业遗产作为文化遗产的一部分，被列入遗产保护范围；其次，城市中一些重要的历史建筑得到了很好的维修保护和利用，工业建筑遗产的保护与利用成为城市旧建筑改造中一个新的亮点；再次，城市中利用文化遗产资源发展文化创意产业，形成新的经济增长点，推动了城市产业结构的转型；最后，城市文化管理体制机制的不断创新，城市发展的各项主要指标不断优化，使城市文化遗产保护的整体指标也得到了提升。但也要看到，与城市中的其他文化行业相比，文化遗产保护依然是薄弱环节，明显滞后于城市的现代化发展，尤其是工业遗产保护，依然面临着诸多的挑战。因此，有必要在国家层面进一步优化工业遗产保护战略，以推进我国工业遗产保护的持续发展。

（一）对工业遗产保护战略进行改革

要进一步优化我国的工业遗产保护战略，需对那些在实践中证明跟不上工业遗产保护发展的方面进行改革，具体包括以下三方面的内容：

1. 进一步提升领导层对文化遗产保护的认识。在很多地方发生工业遗产“无知性”或“建设性”破坏的现象，往往与一些地方政府的领导、企业领导的认识不足有关。因此，要对工业遗产保护战略进行改革，首先有必要升华对文化遗产保护的认识。对遗产的保护也包括利用，合理保护与适当利用是不应分割的。从某种意义上说，利用也是保护，尤其是对工业建筑遗产。光单方面地强调保护，或者过于强调保护，重保护轻利用，往往造成再利用不力，成为“封闭式”保护。过去在计划经济体制下的文物保护政策只是局限于为保护而保护，使“利用”成为点缀。过于强调“保护第一”的结果往往是只保护不利用，使一些被保护的文化遗产只有经济上的投入，没有经济产出，或远远没有达到其应有的经济效益，文化遗产保护成为政府的沉重负担。今天在市场经济的体制下，我们讲文化遗产保护，实际上是包含两个层次的概念：第一，使文化遗产得到有效保护；第二，使文化遗产得到适当利用。我们的经济体制已经转变为市场经济，我们的遗产保护理念不能停留在过去计划体制时代，要适应新的市场经济体制，将过去被视为城市“包袱”的文化遗产真正转变为城市经济的宝贵“资源”，这是城市文化遗产保护的新理念，也是一种文化遗产保护的可持续发展战略。发达国家的实践以及国内部分城市的成功经验都证明这种转变是可行的，工业遗产保护的可持续发展关键（或核心）在于“合理保护前提下的适当利用”。昔日的工业要素——建筑、设施设备、遗址等转变为今天文化创意产业的资源，成为新型服务业——工业遗产旅游的要素，工业遗产作为新产业资源，依然可创造经济价值，同时还有文化上的意义。关键在于我们怎样认识和利用遗产资源。过度重视保护，就会抑制对遗产的利用，白白放弃一些在适当保护的同时能够获得的经济效益；而过度利用（或不适当地使用），必然会对遗产带来损害，造成不可弥补的损失。在国内的有些人眼里，只有对遗产的保护，没有利用，似乎利用不利用是小事，只有保护才是大事。这种思想认识是片面的。保护的确是大事，但利用并非是小事，在保护与利用问题上，任何的偏执于一方，都是不可取的。

2. 对工业遗产保护运行机制进行改革。国家文物局除了2006年发布的《无锡建议：注重经济高速发展时期的工业遗产保护》和《关于加强工业遗产保护的通知》之后，没有进一步出台实质性的保护政策与措施。在推进工业遗产保护方面，缺乏一个实实在在的抓手。这方面可以最亟需、最关键、最薄弱的环节为重点，组织实施一批重大工程项目，建立工业遗产保护示范点，给予必要的经费支持。虽国家文物局已经将唐山开滦国家矿山公园等几个单位定为工业遗产保护实验示范点，但数量还太少。国家文物局应该像保护考古大遗址那样，系统编制全国“工业大遗址保护专项规划”，作为推进地方工业遗产保护的抓手。国家文物局对国内许多考古大遗址的保护，以建设考古大遗址公园的形式立项，已经有了初步的建设成果。2013年5月公布的国家文物局和财政部共同编制的《大遗址保护“十二五”专项规划》中，计划建设150个考古大遗址公园，将投入经费数百亿，支持力度不可谓不大。工业遗产保护也需要实施大工业遗址的保护工程，除了国土资源部系统建设的“国家矿山公园”之外，国家文物局系统也应规划建设工业遗址公园，对那些基础条件较好的工业遗产（大型工业遗址），纳入“大遗址保护专项规划”，由国家文物局和地方文物局一起同地方工业企业合作，共同出资组建工业遗址公园。在数量上，可以先确定5~10个基础条件较好的大工业遗址为试点，在成功的基础上，总结经验再逐步向全国推广。

3. 对工业遗产保护管理体制进行改革。现行的文化遗产保护管理体制，在中国文化遗产保护发展的历史进程中起到了积极的作用，但其弊端越来越明显，必须实施相关改革，使之高效运转。在宏观管理的层面，必须提高行政效率，以满足现代社会文化建设的需要。

根据《中华人民共和国文物保护法》，我国现行的文化遗产（包括工业遗产）保护的行政责任主体是国家文物局和各省（自治区、直辖市）、地、县的文物局（处、所、站），但工业遗产（尤其是工业建筑遗产和工业遗址）的直接使用、管理权在企业，而企业往往属于国家或地方政府的国资委、经委或其他系统管理。在不少地方，政府的相关管理部门之间由于利益的关系，对工业遗产保护态度不一，相互推诿，一定程度上影响了工业遗产保护的实施。“多龙不治水。”出现多头管理，必然会发生职能交叉以及管理效率不高等突出问题。这首先需要最大限度地避免政府职能交叉、政出多门、多头管理，从而提高行政效率，降低行政成本，以实现相对集中的统一化管理。发达国家的经验告诉我们，建立工业遗产保护的专门组织机构，可以避免产生多头管理的弊端，协调各利益相关部门的关系，提高工作效率。就我国目前的管理情况，有必要进一步深化改革文物系统中阻碍文物事业发展的体制与机制，推广政府购买服务。宜由第三方建立一个专门的工业遗产保护与利用机构，吸收建筑师、城市规划师、考古学家、博物馆学家和工业史学家等一起参与，利用各学科专家的知识专长实现跨专业的合作。该组织机构与国家文物局签订合同，承担原来由国家文物局相关部门负责的全国工业遗产保护事务，其工作目标是围绕工业遗产保护与再利用，从工业遗产调查、登记到工业遗产价值评定标准，再到对工业遗产制定保护措施，并对工业遗产保护状况实施监督责任。具体而言，该专门组织的工作主要有三：

一是负责指导各地普查、记录分布于全国的工业遗产，建立全国工业遗产的完整档案；二是制定工业遗产的价值评定标准体系，作为工业遗产价值认定的依据；三是在此基础上，组织各方面相关专家对普查登记在册的工业遗产进行价值评估，从而确定工业遗产的保护等级，并对采取不同保护措施的工业遗产的保护状况进行定期监督和检查。

（二）建立和健全工业遗产保护的法规以及评估体系

1. 建立和健全工业遗产保护法规。工业遗产保护涉及城市的规划、发展改革、基础建设、经济结构调整、产业转型等多方面。从工业遗产保护的法规角度而言，目前国家层面的仅有《中华人民共和国文物保护法》《非物质文化遗产保护法》和国家文物局的《关于加强工业遗产保护的通知》，在地方上，除了北京、上海、杭州和无锡等几个城市之外，大多数省市都尚未出台专门的工业遗产保护的地方性政策法规。由于缺少法律保护，许多具有历史、科学与技术价值的工业遗产在城市建设（包括城市旧区改造）中依然面临被拆除与废弃的危险。

法规是管理、保护工作必不可少的，也是最具权威的管理依据和保障。但我国现行的文化遗产保护法规在有关工业遗产的保护方面不够明确和完善，有些法规条款中可包含或延伸到工业遗产内容，但由于这些法规都未明确提到工业遗产概念，个人在理解上见仁见智，容易产生歧义。文物管理部门在执行中也尽可能采取变通的办法保护工业遗产，常有“无所适从”“有心无力”之感。因此，加强工业遗产保护的立法研究是当务之急。我们应尽快开展工业遗产保护相关法规、规章的制定工作，使经认定具有重要意义的遗址和建筑物等工业遗产通过法律得到强有力的保护。

工业遗产保护的法规编制有两种方案可供选择，一是单独制定《工业遗产保护法》；二是在原有的文物保护法规中增添工业遗产保护的内容。对工业遗产保护单独立法，可以有确切的法规可依，概念清楚，办事效率高，责任可认定，可避免相关单位对工业遗产的随意处置以及文物主管部门的管理不力诸问题。鉴于我国工业遗产保护研究还刚起步，缺乏基本的数据和理论知识，单独立法的基础还很薄弱。换言之，目前我国独立立法的条件还不够成熟。我们建议采取第二种选择，即对现有的文物保护法进行修订，将工业遗产保护内容增添到文物保护法规中去。其实在发达国家，工业遗产保护单独立法的也并不多，都是在其他各项法规中不同程度地涵盖或涉及了工业遗产保护的内容，这种方法同样具有法律的效应，可为依法保护和管理工业遗产提供依据。

2. 制定工业遗产价值评估标准体系。对工业遗产实施保护措施，首先需要经过价值评估，在此基础上，确定不同保护级别和不同保护手段。在第三次全国文物普查中，工业遗产被纳入普查范围，国家文物局下发了“工业遗产价值认定标准”供地方文物部门在普查中参考。由于该参考标准是很粗线条的框架，普查人员使用起来对其尺度的宽严不易掌握，各人对工业遗产认定的随意性较大，因而普查中各地方对工业遗产价值的认定水平参差不齐，差别较大，有些不太准确，甚至还存在原则性和概念性的错误。有些地方还参照“历史建筑保护法”对工业遗产进行价值评估的补充。虽工业建筑遗产也属于历史建筑范畴，但工业遗产不完全是建筑（尽管目前工业建筑遗产是主要的一部分），还有大量的机械与设备等物，甚至是非物质遗产。因此，工业遗产保护需要有全面的工业遗产的价值评估标准。现在第三次全国文物普查虽已结束，许多工业遗产已被登记为普查中新发现的文物。但是登记在册并非就万事大吉了，接下去更艰巨的任务就是对这些工业遗产进行价值评估，划分保护等级，采取保护措施。由于我国目前“尚未按照等级、类型进行全国范围内的工业遗产调查、登录，未能形成清晰明确的工业遗产清单，因此无法精确划定我国工业遗产保护管理的对象范围。这种情况使得有针对性的保护、展示工业遗产工作成为空中楼阁”。未划分保护等级，如何采取适当的保护措施？工业遗产价值认定评估指标体系未建立已成为掣肘工业遗产保护工作进一步展开的重要障碍。如果不抓紧做这项工作，一直拖延着，很多工业遗产得不到及时保护，将遭到被毁坏的厄运。我们建议由工业遗产保护与利用专门机构负责，组织城市规划、建筑设计、工业史、考古与博物馆等领域的各方面专家，在对北京、上海等城市的现有工业遗产价值评估标准研究的基础上，尽快制定出一份可供全国各地参考的工业遗产价值评估标准体系基本框架。

虽各地都翘首盼望着国家文物局颁布统一的工业遗产价值评估标准。实际上，由于国内各地方工业发展的不平衡，工业遗产的多样性以及工业遗产历史年代的先后不一等原因，在全国很难形成统一的、细化的工业遗产认定标准。即使国家文物局出台工业遗产价值评估指标体系，也不可能做到非常细化，只能是一个较为科学的、具有可操作性的工业遗产价值评估体系框架，但原则性是明确的，各地可根据国家提供的工业遗产价值评估框架和原则精神，结合本地的工业遗产实际，制定本地方工业遗产价值评估指标，确定工业遗产的价值。

（三）构建工业遗产保护的资金保障体系

目前各地对工业遗产的维修保护资金投入普遍不足。工业遗产面广量大，由于思想认识、经济基础等方面的原因，一些地方对传统文化保护的投入尚显不足，对工业遗产保护的投入更难落实。如何克服工业遗产保护投入有效资金不足的问题？工业遗产保护需要有可持续发展的战略，长期靠政府单方面的财政经费来负担工业遗产保护是不行的，应建立起政府、公共资金和民间投资合作的有效机制，形成三方共同承担工业遗产保护资金的制度。就目前的情况来看，我国工业遗产保护中公共资金和民间资金的参与明显不如发达国家。英美国家在利用公共资金方面有成熟的经验可供借鉴。

1. 发行文化遗产保护基金彩票。1994年以来，英国遗产彩票基金会已出资50亿英镑用于包括博物馆、历史建筑、地方公园和自然景观以及工业遗产等在内的3万多个项目的遗产保护，对英国的整个遗产保护事业发挥了重要作用。英国的实践证明，发行遗产彩票是国家筹集资金发展遗产保护事业的有效方法。在现阶段，我国发行文化遗产彩票，至少有三个方面的意义：

首先，解决一些地方文化遗产保护经费不足的瓶颈问题。改革开放以来，我国的经济快速发展，取得了令世界瞩目的成就。但是由于我国原来的经济基础较为薄弱，东西部地区的发展也不平衡，在经济较为繁荣的东南沿海城市，政府对文化教育、公共服务及文化遗产保护方面的经费投人相对较多一些，而在我国其他地方，尤其是在经济欠发达的中西部地区，地方政府的财政收入本来就少，人均生活水平较低，在文化遗产保护的经济投入方面存在明显的不足。文化遗产彩票基金可以对全国各地包括工业文物在内的一些重要的、亟待保护的文化遗产给予资金支持。

其次，发行文化遗产彩票有利于增强公众文化遗产保护的意识。遗产彩票的发行不仅仅是为了筹集更多的资金用于遗产保护，而且对鼓励更多的人加入到遗产保护中来，让更多的人有机会了解遗产，有机会接触、欣赏遗产。遗产彩票的发行过程本身是对遗产保护事业的一种宣传，扩大遗产保护在社会各界的影响，购买遗产彩票可以提高公众的遗产保护理念，强化公众参与遗产保护意识和遗产保护的责任心。

再次，发行文化遗产彩票是实施文化遗产保护的一种可持续发展战略。

我国目前社会整体上对遗产保护的意识还很薄弱，政府对工业遗产在内的遗产保护投入的资金也不多，社会资金的参与度较低，如果我们所有的遗产保护都要依靠国家财政来承担，这样势必给国家带来长期的负担。所以发行遗产彩票基金向公众集资，利用公共资金支撑文化遗产保护，这样就可以为文化遗产保护提供持久的经济支持。我们认为使工业遗产保护事业可持续发展，发行文化遗产彩票不失为一个有效的方法。

我国的彩票发行已经有了十几年的实践，福利彩票、体育彩票、足球彩票等的发行总体上是成功的。据有关学者的研究，我国前些年彩票发行额度每年约为60亿，返奖率55%，约有6%的公众购买过彩票。在发达国家，购买彩票的公众一般达到全国总人数的60%~80%，相比之下，我国发行文化遗产彩票具有很大的市场潜力。据经济之声《天下财经》报道，至2012年三季度末，我国居民储蓄存款余额已突破40万亿人民币，人均储蓄存款余额接近3万元。如果按照国际一般水平（人均收入的1%~2%作为购买彩票支出），那么我国发行彩票额度至少可以达到2500亿以上，尽管目前彩票发行已经超过1000亿，但是我国发行文化遗产彩票的市场潜力还是巨大的。

2. 发行文化遗产保护的公共债券。公共债券是由政府为筹集财政资金向投资者出具的、承诺在一定时期支付利息和到期偿还本金的债权债务凭证。政府发行公共债券的目的往往是为一些耗资巨大的公共建设项目筹措资金。由于公共债券以政府的税收作为还本付息的保证，因此风险性小，流动性强，利率也较其他债券低。如果说发行遗产彩票为文化遗产保护筹集资金是英国的经验，那么，发行公共债券为文化遗产保护融资，则是美国的重要经验。在工业遗产保护方面，美国各州政府发行公共债券，为一些重要工业遗址的保护与再利用筹集了资金，推进了工业遗产的保护与利用。发行债券是一种重要的融资手段。我国曾于20世纪50年代发行过“国家经济建设国债”，到20世纪80年代又发行过国库券，筹集建设资金，弥补财政收入的不足。现在还有许多地方政府发行了城市建设债券，不少企业也发行企业债券。对于文化遗产保护这样一个公益性的领域，发行公共债券，筹集专项资金，不仅能解决（或缓解）遗产保护中的资金“瓶颈”问题，还能提高公众对文化遗产保护的关注，这也是一种宣传。由于公共债券是政府信用的主要形式，安全性高，收益又可免征所得税，公众的购买可能性较大。

3. 积极引导公众直接参股于工业遗产保护项目。在目前我们的工业遗产的保护与利用尚未建立相应的资金保障长效机制情况下，政府的财政投入与公众直接参股于工业遗产保护项目相结合，也是一个可以考虑的策略。早在1995年8月，中央领导在西安召开的全国文物工作会议上就提出了文物保护的“五纳入”思想（即将文物保护纳入当地经济和社会发展计划、纳入城乡建设规划、纳入财政预算、纳入体制改革、纳入领导责任制），以后国家正式作出规定并下发了文件。我们认为工业遗产保护经费也应纳入地方政府的财政年度支出中，至于纳入政府财政预算的比例占多少，可以根据各地财政收入状况来决定，比例不一定很高，但用法律效力予以明确，体现了政府保护工业遗产的姿态。工业遗产保护的资金不足部分，可以通过积极引入公众投资工业遗产保护再利用项目得到补充。发达国家在这方面有不少成功的经验可借鉴，国内有些地方也进行了这方面的探索。如苏州城市历史建筑保护中引入民间资本的实践，值得重视。又如上海静安区安义路63号的毛泽东旧居，这是上海第一家完全由民间资本负责保护开发和利用的历史建筑。该名人故居的保护与利用走的是一条由政府主导，企业参与，共同推进社会公共文化资源开发开放的新路子。我们认为工业遗产保护吸纳民间资本的投入，引导公众直接参股于工业遗产保护项目，这种方法是可行的。建议推行公众股权参与方式进行工业遗产保护与再利用的项目，以提高民间资本的积极性。

第二节　我国工业遗产博物馆的发展战略

尽管城市建设时常会与文化遗产保护发生矛盾与冲突，但是大量收藏文化遗产的博物馆却与城市建设是一种和谐的关系，两者相得益彰，协调发展。这可能有两个原因：一是博物馆作为一种社会公共文化机构首先诞生于城市，它在城市中发展起来是因为城市需要它。城市需要保存自己的记忆，保存自己的文化之根，于是城市博物馆就应运而生了。二是博物馆是为人服务的，城市是人口最主要的聚集地，越是人口多的城市，博物馆数量就越多。博物馆为城市市民的素质提高、为外人了解城市的文化精神作出了独特的贡献。博物馆是保存与弘扬城市文化精神的最佳文化形式。对城市文化遗产中的不可移动文物，以建立遗址博物馆的形式保护，这也是化解城市发展与文化遗产保护矛盾的一种理想途径。

城市的发展并不总是平缓的，有突进时，也有停滞时，当城市化进程加快时，抓住机遇就会出现一段大发展的局面。我国从20世纪90年代起，城市化发展进程加快了，城市建设迎来了大发展的机遇，也连带给了博物馆大发展的机遇。20世纪90年代以来的20多年里，我国博物馆的数量以前所未有的速度增长，这一点我们有目共睹。伴随着社会与城市发展从工业化逐渐向后工业化迈进，工业遗产保护的形势变得严峻起来。于是，以保护工业遗址为重点的工业遗产博物馆应运而生。尽管许多地方的政府和企业都认同博物馆保护工业遗产的功能，工业遗产的博物馆保护模式受到社会各界的青睐，但是我们的博物馆质量是否达到了社会预期的要求？达到了人们期盼的营运水平？是否真正能在工业遗产保护中起应有的作用？这些都还是个问号。如何能使工业遗产博物馆与城市发展齐驱并进，实践其“既服务社会，又为社会发展服务”的宗旨，还需要我们对工业遗产博物馆的发展战略认真研究。

一、我国工业遗产博物馆的现状和存在问题

（一）工业遗产博物馆的现状

1. 工业遗产博物馆开始在国内产生影响。通过对国内部分工业遗产博物馆的实地调研，并从网上搜集的资料分析，我们对国内工业遗产博物馆的现状有了大致的了解。目前国内已经建成与正在建设、计划建设的近现代工业遗产博物馆已有上百座，其中有些博物馆向社会开放并产生了一定的影响，特别在每年的“5・18”国际博物馆日，工业遗产博物馆参与了当地博物馆界组织的各种社会服务活动，使公众知道在工业遗产保护中有博物馆模式。有些工业遗产博物馆还通过当地报纸、电视台或其他媒体宣传，吸引公众参观博物馆。中国武钢博物馆等还在城市的大学生中招聘博物馆志愿者，作为博物馆的讲解员或其他方面的服务人员，扩大了博物馆与社会的联系。可以预见，一些在建的工业遗产博物馆在三五年内将先后竣工落成，这将对我国的工业遗产保护产生巨大的推动作用，同时也将弥补我国博物馆类型中近现代工业遗产博物馆数量偏少之不足。

2. 有效保护了一些近现代重要工业遗存。工业遗产博物馆的建立，对近现代一些重要工业遗存实施了有效保护。在博物馆建设过程中，征集人员费尽周折，努力寻找征集线索，抢救与收集了一批重要的近现代工业文物。

如唐山开滦国家公园博物馆收藏的上万件工业文物中，有48件属于国家一级文物，72件二级文物，326件三级文物。其中，中国迄今存世最早的股票开平矿务局股份票、中国第一条标准轨距铁路——唐胥铁路的老铁轨、尘封百年的“羊皮蒙面大账本”、“开平矿权骗占案”跨国诉讼的《英国伦敦高等法庭诉讼记录》等，都是该馆的镇馆之宝。天津北洋水师大沽船坞纪念馆搜集了19世纪末到20世纪前期大沽船坞制造的枪炮等兵器，还有收藏英国格拉斯考生产的剪床、多用汽剪床、车床等工业机械设备，并对具有一百多年历史的船坞以及法国人设计的大沽船坞轮机厂房等实施了保护，在大沽船坞遗址的整体保护中发挥了重大作用。无锡中国民族工商业博物馆除了对馆舍（原无锡茂新面粉厂厂房）与厂内的生产设备保护之外，还将原无锡市棉纺织厂的纺织机器等设备，也搬入博物馆内保护起来，使这些濒临消失的工业遗产免遭毁损的命运。柳州工业博物馆馆藏文物近三万件，其中有铸有“中英庚款”字样的牛头刨床，德国多特蒙德1910年制造的冲剪机，李宗仁、白崇禧命名的“朱荣章号”单座驱逐战斗机，1933 年和1937年柳州制造的广西第一辆木炭汽车和第一架飞机等重要工业遗存。

已经建成开放的国家矿山公园（就博物馆角度，将其视为大型露天工业遗址博物馆），在整治矿区环境的同时，保留了采矿遗迹，并对矿山工业遗迹实施了保护，建设成工业旅游景点。如黄石国家矿山公园露天铁矿采矿点“亚洲第一天坑”遗迹、阜新海州露天矿国家矿山公园亚洲最大的露天煤矿矿坑（该露天矿坑是我国大陆最低点，也是目前世界上最大的

废弃人工矿坑）遗址等，都已成为国家4A级旅游景点。国家矿山公园除了露天展示一些巨大的矿山采矿机械设备之外，还建有室内博物馆，结合矿业发展历史与矿业文化，收藏与展示矿业遗产，使这些遗产在博物馆中得到保护。国家矿山公园作为工业旅游景观，发挥了为当地带来旅游经济收入，也为城市经济结构的转型和城市的未来发展奠定了基础工业遗址博物馆功能，自然与人文融合一体，成为科普教育和爱国主义教育基地。

从已建成的近现代工业遗产博物馆类型看，我国的工业遗产博物馆在类型上已经与国际接轨。就工业遗产博物馆的行业种类而言，以采矿业、钢铁制造业和纺织业等为主流。这些工业遗产博物馆多以企业自主建设与管理为主（个别的有地方政府职能部门参与），反映了企业保护工业遗产、承担起利用工业遗产资源发展城市经济、造福于民的社会责任。在博物馆的功能上，有些工业遗产博物馆已经发挥出一定的社会影响力，成为爱国主义教育基地和科普教育基地以及国家级旅游景区，在保护工业遗产的同时，也产生了社会效益。

（二）工业遗产博物馆存在的问题

从博物馆专业的角度审视，我国近现代工业遗产博物馆无论从管理理念、业务能力还是从服务质量上，都存在着一些明显的不足，主要可概括为“四化”：

1. 陈列展示设计失误的低级化。“陈列是博物馆实现其社会功能的主要方式。”陈列展览的质量如何直接反映博物馆专业水平的高低，也关系到博物馆社会功能的发挥。我国有些工业遗产博物馆的陈列展览实在不敢恭维。展品放置的位置不是过高就是过低，让观众怎么看也总觉得不舒服。观众进入展厅后，看不清展线，行进到一半，又得走回头路。有的馆甚至在陈列展览中采用普通荧光灯照明，不懂博物馆展品对灯光的照明有特殊要求，要避免紫外线光源等基本常识。一些奏折、手稿等文献类展品，多用复制品替代原件展示，却不标明是复制件。其他实物用复制品展示，不标明其复制件的，也随处可见。譬如在我国中部地区的某博物馆中陈列的一件铁矿石标本，文字说明中写道：这是当年毛泽东主席视察大冶铁矿时亲手拿过的。配合前面展柜中的标本，后面墙面还挂有一幅毛主席身穿衬衫，一手拿着铁矿石的大型照片。但在湖北大冶铁矿博物馆中，同样也展示着这样一件铁矿石标本和毛主席手拿着铁矿石的大型照片，说明牌上也写着同样的文字。事实上毛主席真正拿过的铁矿石原物只有一块，现在这两件展品的说明中都未写“复制品”，观众就会认为两件都是真的，这样就误导了观众。在博物馆陈列展示中，采用复制品并非不可，但应在说明牌中写清楚是“复制品”，《博物馆管理办法》中第二十六条明确规定，“展品应以原件为主，复原陈列应当保持历史原貌，使用复制品、仿制品和辅助展品应予明示。”这是博物馆陈列中应该遵循的“科学性原则”。

2. 博物馆馆藏实物的空洞化。博物馆的陈列展览强调以原真性的实物展示为基础，用实物来说话。但有一些工业遗产博物馆的陈列展览，大量依靠辅助展品“唱戏”，与博物馆陈列展览以原真实物为基础的展示要求存在很大差距，与其说是博物馆展览，还不如说是一般的展览馆展览。之所以产生这种"展览馆"现象，可能在于博物馆收藏的工业遗产实物原件太少，真正有重要价值的工业遗产更是凤毛麟角。为了串联起这些零零星星的工业遗物，将历史的碎片拼凑成整段的工业历史，博物馆就依靠制作大量的辅助展品来弥补证实历史的实物空缺，结果是仿制模型、各种艺术创作（主要是各类雕塑）等大行其道，替代品充斥整个展览。

我们曾经看到四川成都东郊有一座工业遗产博物馆，以辅助展品为陈列主角，工业遗产主题陈列成了表现工业题材的现代艺术展，真正的为数不多的几件工业遗物在陈列中成为陪衬。辅助品喧宾夺主唱主角的现象挑战传统博物馆的"陈列应以原真性实物为展品主体"的核心要素，冲击着博物馆陈列的底线。在充斥辅助品的工业遗产博物馆展览现场，工业历史感荡然无存。这与现在旅游市场中普遍存在的"文化复制"相类似，遗产的原真性已经丧失，难以让观众真正感受到一种沉重的历史感。这种人造场景，让观众"体验"的也只是异化的工业史。

3. 博物馆社会服务的单调化。博物馆社会服务不仅仅是博物馆陈列展示的补充与延伸，也是博物馆宗旨的最直接体现。博物馆社会服务的主要对象是观众，观众也是博物馆生命之所系。国内许多博物馆都十分重视对观众服务的研究，将观众视为博物馆社会服务工作的核心。但是我们看到有些工业遗产博物馆开馆几年来，社会服务活动内容单一，除了讲解之外，几乎没有其他的社会服务项目。有的馆甚至连最起码的讲解服务都不提供。还有的馆既不做观众调查与研究，也不做观众人数统计（有的即使做统计也很马虎，数据很不完整），以至于开馆至今共有多少观众参观了博物馆都不清楚。这种社会服务内容单一，不注意收集观众对博物馆服务质量的反馈信息，也不关心自己服务对象各种需求的博物馆，观众人数自然日益减少，缺乏人气。有的馆开馆没几年就已面临关闭的窘境，这是博物馆服务不到位所带来的必然结果。

在博物馆的社会服务中，讲解仅仅是最基本的，还有许多活动项目可以开展。譬如围绕陈列展览主题开设讲座，编辑相关的普及读物，组织互动性活动项目等，或自觉走出博物馆送展览上门，进学校、进社区，深入到公众中去。如果博物馆人手不够，可以在社会上招募志愿者，建立博物馆的志愿者组织，协助开展更多的社会服务活动。社会对博物馆的认可并不是看你是否挂有一块博物馆的牌子，还要看你的实际行动，看你是否发挥了应有的博物馆社会功能。博物馆社会服务活动内容的丰富与否，服务质量的高低与否，都直接影响博物馆观众的数量与博物馆的社会效益。博物馆只有开展多元化的社会服务，才能吸引更多的观众，产生更大的社会效益。

4. 博物馆员工的非专业化。常言道"隔行如隔山"。博物馆行业虽然有许多知识与技术同其他学科相同，甚至有些技术与方法来自其他学科，但毕竟是一个具有独立性的行业，有其独特的工作规律和专业知识要求。我国的工业遗产博物馆多为企业主办，博物馆员工也都来自企业，企业用工都由企业自主招聘。工业遗产博物馆规模大小不一，员工人数也有多寡（规模大的馆可达50余名员工，规模小的仅仅2到3名）。在我们考察的工业遗产博物馆中，绝大多数馆从馆长到一般员工，没有一名是文博专业出身的，在从企业中的其他岗位转到博物馆之前，没有博物馆工作的经历，也没有经过正规的专业培训，可以说是一群外行在从事博物馆业。当然对他们来说，从零起点能够做到今天这样已属不易，有些人在转行博物馆后，从实践中学习，努力使自己逐渐从外行转变为内行。但是良好的愿望并不等于实际结果。从博物馆的发展与社会对博物馆的要求来说，这种局面一定要尽快改变。今天的工业遗产博物馆之所以存在这样那样的种种问题，没有博物馆专业人才，尤其是博物馆中的领导不懂行是其中的重要原因之一。有些新建的工业遗产博物馆，建筑高大宽敞，外观气势宏伟，硬件设施不错，但是“软件”条件明显不够，拖累了硬件设施功能的发挥。工业遗产博物馆所属的上级企业领导应摒弃将博物馆作为自我消化单位剩余员工去处的观念，积极向社会引进或招聘博物馆专业人才，只有这样，工业遗产博物馆的运行水平才会提高。

（三）关于工业遗产博物馆发展的政策建议

上述问题的存在涉及多方面的原因，既有工业遗产博物馆员工本身专业知识方面的缺乏，也有其上属企业领导的认识不足，还有地方文物主管部门的业务指导不够尽责以及国家一些相关的法规政策不健全等因素。为了推进我国近现代工业遗产保护和工业遗产博物馆的建设与发展，我们建议应在以下几个方面提供政府的政策支持和出台必要的措施：

1. 加强工业遗产博物馆藏品征集力度。工业遗产实物的不足在一定程度上困扰着我国工业遗产博物馆的发展。第三次全国文物普查发现了不少工业遗产，但是绝大多数都是产业历史建筑类，属于工业机械设备、生产制品等遗存的凤毛麟角。工业遗产实物缺乏是目前国内多数工业遗产博物馆的客观现实。过去我们普遍缺乏保护工业遗产意识，在许多企业搬迁或倒闭时，纷纷将生产机器设备等作变卖处理，或搬迁至异地使用，有的甚至被废弃。今天当我们意识到工业遗产的价值，想要对其实施保护时，许多工业机器设备、生产制品等物件早已销声匿迹。收集保护工业遗产既是当前工业遗产博物馆的一项十分紧迫的工作，也是今后相当一段时期内的艰巨任务。为了充实博物馆藏品，我们应该实行“两条腿走路”的方针：

一是加大工业遗产保护的社会宣传力度，多渠道征集工业遗产实物，充实博物馆藏品。民间有些收藏家较早地注意到工业遗产的价值，他们当中有一些人收藏了一些工业文物；另外，许多工业遗存的所有权是属于企业的，有些尚未被毁的旧机器设施设备等，还可以在企业中被找到，要大力开展工业遗产保护的宣传，鼓励民间收藏者和企业积极捐赠工业遗产，支持博物馆建设。

二是为明天博物馆的藏品做准备。我们在对被废弃的、不再使用的工业遗产进行调查登记并实施征集、保护的同时，对一些还在使用的（包括当代的）、具有重要科学价值、技术价值和历史价值的工业机器设备、构筑物等，也进行调查，并登记造册。以后一旦这些工业机器设备等有了新的取代物时，换下的这些物品就可以送往博物馆保存。被毁的工业遗产已不可能再生，“亡羊补牢”时犹未晚。这种为明天而预先准备博物馆藏品的工作是必要的，它将保证未来工业遗产博物馆的藏品来源。有些发达国家已经在这样做了，我们可以借鉴这方面的经验。

三是加强工业遗产“口述史”资料的收集。“口述史”资料是历史研究的重要资料之一。新中国成立后，史学界的专家学者在研究革命历史中，曾走访了许多离休的老红军、新四军和解放军干部与战士，收集了许多口述史资料，作为历史研究的补充。国内许多现代历史事件和历史人物类的纪念馆，都离不开口述史资料，这些由当事人提供的亲身经历，或当事人后代根据当事人提供的信息而记录下来的资料，对于后人了解历史的真相是极有帮助的。我们对于口述史资料的收集，过去都集中在政治、军事等方面，以反映革命历史为主要目的，服务于革命历史的研究，未曾注意工业史研究的需要，更遑论工业遗产保护的需要。现在对工业遗产进行保护，尤其是建立工业遗产博物馆，对工业文物的研究，需要口述史资料。如果说，过去由于我们尚未认识到工业遗产的价值，不重视工业遗产，许多重要的工业遗存已经消失，那么现在我们抓紧收集工业口述史资料，就是对已经丢失的工业遗产的一种资料弥补。许多反映工业生态学、工业社会学等内容的实物已经不存在，而文献资料又是远远不足的时候，工业口述史的资料就显得弥足珍贵了。

对已经实施保护的工业遗产，应该抓紧相关口述史资料的收集。目前这一方面，只有极少数人在筹建工业博物馆时，顺便收集一些，因为是以征集工业文物为主，口述史资料的收集仅仅是顺带，这样就会错过一些重要的资料。其实口述史资料本身是工业文物档案的重要组成部分之一，对工业文物的研究者深入发掘其内在的含义，在展示中向公众提供叙事“故事”等，都是很有帮助的。我们要趁现在一些与工业遗产相关企业的老职工，包括领导和技术人员尚在世，组织专门人员进行采访，收集口述史资料，以免随着这些历史事件亲历者的先后离世，很多重要的相关信息资料也跟着消失了。

2. 政府给予工业遗产博物馆一定的经费补贴。凡企业创办的工业遗产博物馆，博物馆的一切开支（包括员工的工资与其他一切福利待遇、博物馆的业务活动经费等）都由企业自己解决。企业经营得好，经济利润高，那么博物馆获得的经费也可能较为充足。一旦企业本身经营不景气，经济效益下降，势必累及博物馆，这时削减博物馆的经费不可避免。事实上，已有个别的工业遗产博物馆因严重缺乏经费，已到了濒临倒闭的地步。地方政府的相关职

能部门应该在经费上适当支持博物馆。理由有二:

其一,为公民提供科普教育与爱国主义教育都是政府公共职能部门应当承担的事务,既然工业遗产博物馆协助分担了公共部门的义务,政府公共部门为博物馆的付出作出适当补偿也是理所当然的事。凡挂牌科普教育基地或爱国主义教育基地的工业遗产博物馆,政府的宣传部门与科委等相关机构都应该给予适当的经费补助,补贴数额可以根据博物馆具体的运作情况,视其为社会作出的贡献大小而定。在这方面,有的地方政府已经注意到了,相关职能部门采取了积极的措施,给博物馆一定的经费支持。但有的地方政府的相关部门则没有任何行动。

其二,部分工业遗产博物馆根据2008年国务院"三部一局"《关于全国博物馆、纪念馆免费开放的通知》的精神,对公众实行免费开放。文物局系统博物馆免费开放后,原来的门票收入缺额由中央和地方政府的财政全额补足。工业遗产博物馆大多由企业提供资金,原来的门票收入缺额未获得政府财政的补贴。既然文物局系统博物馆与企业所属工业遗产博物馆都是社会公益性机构,同为社会提供公共文化服务,都免费向公众开放,那么政府应当一视同仁,补贴其门票收入缺额。即使不全额补足,至少也得补贴一部分,以表示政府对博物馆免费开放的一种支持态度。

就全国来看,在政府给予工业遗产博物馆一定的经费补贴方面,各地方的做法并不一致。有的地方政府只在口头上表示支持,没有具体的行动。而有的地方政府则对博物馆十分支持,不仅有实实在在的项目经费补助,而且补助经费也较为可观。如上海市政府最近连续几年从地方财政中每年拿出1000万元资助社会力量举办的博物馆,其中也包括对工业遗产博物馆的支持。

在资助的项目中,除了对博物馆免费开放的门票补助之外,还有博物馆陈列改版、举办短期临时展览、出版物、文物修复以及其他的活动项目等。

2010年国家"五部二局"(民政部、财政部、国土资源部、住房和城乡建设部、文化部和国家文物局、国家税务总局)联合发布的《关于促进民办博物馆发展的意见》中指出,要"切实帮助解决民办博物馆的馆舍与经费保障问题","在有条件的地区,建立政府对民办博物馆单位的资助机制"。我们认为对于工业遗产博物馆的资助,拟纳入地方政府的财政预算中,每年按一定的比例拨出经费,这样可以保证经费的落实。当然要获得政府经济支持的前提条件是博物馆要开展正常活动,并在公众中有一定的口碑,产生一定的社会影响。另外,如果经过国家文物主管部门的评估认证,被认定为达到一定等级的博物馆,应该优先得到政府部门的经费补助。

3. 设立指导工业遗产博物馆业务的专门机构。工业遗产保护是文化遗产保护事业中的重要内容之一。2006年5月26日国家文物局下发了《关于加强工业遗产保护的通知》,明确要求各地文物行政部门“像重视古代的文化遗产那样重视近现代的工业文化遗存”。目前我国的工业遗产博物馆大多数由企业独立负责建设与运行，企业自己内部抽调人力筹建（或直接委托行业协会、展览设计公司等帮助设计陈列），也有少数企业与地方政府文化旅游部门或国土资源部门等合作建设。企业自主筹建博物馆，即使有足够的资金与人力，如果缺乏地方文物主管部门的专业指导，任凭一群完全不懂行的企业人员做博物馆，结果往往是力不从心，事倍功半。前面提到的工业遗产博物馆陈列展览中发生的一些低级错误以及社会服务的低水平运行等，都是缺乏专业指导所致。

在我国博物馆管理体系中，各级地方政府的文物主管部门对文物局系统之外的各类博物馆，虽不在行政上对其进行领导与管理，但在业务上仍对其负有指导职责。在企业的工业遗产博物馆建设中，如果地方文物主管部门与博物馆专家主动地介入并给予积极的业务指导，那么上述一些常识性错误是可以避免的。因此，我们认为应在全国设立一个专门的合作机构，指导各地工业遗产博物馆建设事宜。或可以在中国博物馆协会之下设立专门工业遗产博物馆专业委员会，其成员为博物馆专家与工业遗产保护专家，专门为各地工业遗产博物馆的筹建与运作提供业务指导。这样可克服企业自建博物馆遇到的困难，并且使工业遗产博物馆从筹建到开馆运作，从一开始就走上正规的发展道路。

4. 多渠道提高博物馆员工的专业水平。要提高博物馆的专业工作水平，人才是基本保证。博物馆人才队伍的形成可通过两种方法：一是向社会引进或招聘博物馆专业人员，二是对博物馆在岗员工进行业务培训。就目前我国工业遗产博物馆的现状而言，这两种方法都需要，但第二种方法可能更为重要。

国家文物局非常重视文物博物馆人才的培训，已把“文物博物馆人才队伍能力提升”列为“十二五”规划中的23项重大工程之一。“十二五”期间，国家文物局开展大规模的文物博物馆管理人员与专业技术人员培训，培训总数计划要达到7000人次。并且大力发展文物博物馆行业继续教育，形成大规模的文物博物馆教育新格局。工业遗产博物馆的员工专业培训也应纳入国家文物局的整个培训计划中，这样可在文物管理部门帮助之下，提高员工的专业基础与工作能力。

此外，工业遗产博物馆也可学习部分民营博物馆的方法，与管理规范、服务质量较高的国家一级博物馆建立关系，主动争取得到业务指导，并选派员工去对方单位进修学习，锻炼实际工作能力。另外，工业遗产博物馆还可与有博物馆学专业的高校合作，可选派员工到高校进修，或由高校专门为博物馆员工量身定做，开设特置课程。博物馆与高校合作具有广阔的前景。高校的师资力量，既可为博物馆员工进行培训，也可为博物馆的藏品研究提供“外力”，弥补博物馆本身藏品研究力量的不足。博物馆可以为高校的博物馆教学提供专业实习基地。馆校双方的合作，互补互利，可以获得双赢的结果。

除了培养和提高博物馆员工的专业能力之外，还要考虑对员工有专业发展的激励机制。我们在调研中发现，许多工业遗产博物馆的员工因来自本企业，非博物馆专业出身，在转行博物馆之后，都对自己的未来发展忧心忡忡，一定程度上也影响了他们的工作积极性。由于博物馆员工的工资和其他福利待遇等往往与职称挂钩，职称晋升必然成为他们工作努力的目标之一。我们原来的文物博物馆职称评定标准是依据国有的社会历史类博物馆、古代艺术类博物馆以及人物类、历史事件类纪念馆等的情况而制定的，没有考虑到工业遗产博物馆类型。现在情况有了变化，博物馆类型增加了，非国有的博物馆也出现了，文物博物馆专业职称评定将这种特殊情况考虑进去，新近颁布的《博物馆条例》中明确规定，不论是国有还是非国有博物馆的专业技术人员同等享有职称评定的权利，这样在一定程度上可以解除工业遗产博物馆员工的后顾之忧。

二、我国工业遗产博物馆的发展战略

当前的社会与时代大背景以及国家政策都有利于我国工业遗产博物馆的建设与发展。根据我国新一届政府提出的新型城镇化建设目标，经济的稳步发展将为博物馆事业提供坚实的经济基础。文化建设的大发展、大繁荣为我国博物馆事业发展打开巨大的发展空间。政府积极支持与促进社会力量办博物馆，以工业企业为主体的工业遗产博物馆建设将会得到较快发展。近年各地方政府与企业兴办工业遗产博物馆的热情都很高，悄然形成的建设工业博物馆热潮显示了工业遗产博物馆的发展态势。但数量的增长仅仅是反映工业遗产博物馆繁荣的一个表象，真正的实质性的进展在于博物馆服务社会的质量与水平的提高，在于其社会功能发挥的巨大作用，在于社会对博物馆的高度认同，在于博物馆自身的“内功”的提升，在于具备可持续发展的能力。我国工业遗产博物馆未来将如何发展？借鉴发达国家的经验，结合我国的国情，我们认为工业遗产博物馆应坚持突出以工业遗产为收藏特色，走工业遗产保护与科普教育相结合之路，融入城市的文化产业之中，培育出可持续发展的潜能。这是工业遗产博物馆既保护工业遗产，又利用收藏适应科普教育之需求，融入城市经济文化发展，服务社会的最理想途径，也是我国工业遗产博物馆未来的发展战略。

（一）坚持突出工业遗产的收藏保护特色

从博物馆藏品的定位来讲，任何博物馆都要有特色，如果博物馆千篇一律，没有特色，这样的博物馆其生命力是不会长久的。以工业历史的收藏为特色，这是传统工业博物馆基本面貌，也是工业博物馆区别于其他各种社会历史类博物馆的重要特征之一。工业遗产博物馆的主旨是搜集、保护并利用工业遗产为社会及其发展提供服务。为工业文明史提供实物见证并保护好这些见证物是工业遗产博物馆的最基本的职能。工业遗产是工业历史发展的见证。要体现以反映人类工业文明史为特色，博物馆藏品也必然要集中在这一方面。

任何一件工业遗产都可以从社会史、经济史和文化史等不同角度进行展示和演绎，因为工业文明进程中的每一步都与社会、经济与文化等背景因素相联系。同样，在以展示和诠释社会史、经济史和文化史等为主题的博物馆中，也都可能不同程度地涉及工业文明发展史。这里，工业遗产作为工业文明的历史见证而在社会史、经济史和文化史等的陈列中被展示，但仅仅从社会发展史、经济发展史或文化发展史的角度反映工业文明，不会是专门性地、主题性地来表现工业文明，更不会以某一行业的科学技术发展史来表现。在社会历史类博物馆的基本陈列中，工业文明史仅仅是其中的一小部分内容，是整个陈列展览的配角，只有在工业遗产博物馆，工业文明史才成为主角，才会宏观地反映整个国家或某一城市或某一行业的工业发展，比较全面、深刻地将工业文明进程完整地呈现在观众面前。为此，工业遗产博物馆以收藏工业历史见证物为特色，这是毫无疑问的。

工业遗产博物馆能够而且也应该是工业文明的遗存收藏最齐全、对工业史研究最权威的机构。工业遗产博物馆通过对其馆内收藏的工业遗存的研究，参与到学界对工业史的研究中去，从工业遗存实物出发，利用实物进行研究，这是工业遗产博物馆的优势，如果脱离其馆藏实物而研究工业史，工业遗产博物馆就失去了其占有实物研究的优势。当然，工业遗产博物馆也可以从社会史、经济史或文化史等多层面、多线条地研究和阐释工业遗产，但工业文明进程中重要的历史事件、重要的企业发展情况、重要人物和发明创造，应该是工业遗产博物馆关注与展示的重点。

相较于社会历史类等其他类型的博物馆，目前我国工业遗产博物馆收藏的工业遗产实物十分贫乏。譬如，曾经是全国纺织业半边天的上海，建立的上海纺织博物馆在基本陈列中竟然没有一台近现代纺织机械。20世纪90年代，整个上海纺织业改革，大量纺织厂压锭转产，除了部分先进的纺织机械搬迁到新疆等地之外，其余的纺织机械几乎都处理掉了，不是被当作废铜烂铁进入冶炼厂回炉，就是卖给外地一些个体户。其他行业的工业遗产博物馆也普遍存在工业遗产实物严重不足的问题，这与我们过去对工业遗产价值的认识不足有关。但是博物馆是要靠实物说话的，用原真性的实物证明工业历史才是博物馆的独特价值，这也是博物馆区别于一般展览馆的标志之一。

要使工业遗产博物馆具有丰富的实物馆藏，我们必须制定有效的征集计划，加大投入工业遗产征集的人力与物力，抢救那些尚未被毁坏的工业遗产，为博物馆的持续发展夯实其藏品的基础。

（二）紧密结合科普教育的展览手段

从社会需求以及博物馆参与文化产业发展角度看，工业遗产博物馆要积极开拓创新，走出与科普教育相结合之路。工业博物馆必须保持收藏工业遗存这一特色，但是这并不影响博物馆积极开展科普教育服务。由于工业遗产博物馆的展品多是那些工业机械设备、构建物和工业制品等，不如艺术类博物馆展示的艺术品那么有艺术感染力，也不如社会历史类博物馆展品有那么丰富多彩的历史人物和历史事件可以叙说，对观众（尤其是对青少年观众）的吸引力就不如前两类博物馆。因此，结合本馆藏品特色开展科普教育就成为工业遗产博物馆吸引青少年观众的重要措施。这不是权宜之计，而是未来发展的方向。我们要积极开拓观众市场，丰富博物馆的活动内容，在保护工业遗产的同时，努力设计科普教育与娱乐项目，既体现工业遗产特色，又使观众得到休闲、娱乐和增长知识，从而增加博物馆的社会效益与经济效益，使博物馆可持续发展。

当代科技馆（或科学中心）承担着向青少年进行科普教育的重任，传统工业博物馆也承担着科普教育的责任。两者不同的是工业遗产博物馆展示过去的工业文明史，一定程度上也在传播科学与技术知识，因此工业博物馆的社会教育本身就带有一定的科普教育色彩。但工业博物馆展示工业文明史是带领观众向后看，回顾人们以往走过的文明历程，让观众了解的是科学技术发展的过去，即"昨天"的科技发展。科技馆（或科学中心）的科普展示则注重带领观众了解当下的科学技术，从而面向未来。两者科普教育的重心不同，前者重在科技发展的过去，后者重在科技发展的今天，并且憧憬科技的未来发展。由于科技馆（或科学中心）的科普内容与当下的生活联系密切，因而吸引了较多的观众，而工业遗产博物馆的科普内容与今天的生活有一定距离，因而观众就不太关心，感兴趣的也少。

工业遗产博物馆重在展示科技的过去，这与其收藏展示的工业遗产有关。但是当今的工业遗产博物馆不能拘泥于馆藏品，要有新的发展思路，要根据社会的需求，积极开拓创新。工业遗产博物馆的职能不仅仅在于保护工业遗产，也承担着对社会公众的科学技术知识普及教育的职能，在保护工业遗迹的同时，应积极发挥博物馆科普教育的职能，推进工业遗产博物馆展示内容的深度与广度，由展示行业过去的科技发展向现当代科技延伸，在博物馆展示中加大当今科技普及教育的比重。只有这样才能吸引广大观众，尤其是吸引作为博物馆观众主体的广大青少年学生。当然，这对有些工业遗产博物馆来说，可能由于人力的不足，在发挥博物馆科普教育职能方面会力不从心。这就需要博物馆以一种开放的姿态与相关博物馆或研究、教育机构合作，充分借助社会力量开发本行业的当代科技普及项目。

发达国家的工业博物馆经历了（或正在经历着）一个从重工业历史传播到结合工业门类的科普教育为主过程，逐步转型为以历史遗产保护为基础，偏重于娱乐性科普教育型博物馆的模式。如果把偏重对工业遗产保护与工业历史传播为主的工业遗产博物馆看作是发展的第一阶段，那么，将工业遗产保护与当今科普教育并举可看作是工业遗产博物馆发展的第二阶段。现在我国的工业遗产博物馆还普遍处在发展的第一阶段，千篇一律地将突出工业发展史为重点，展览中工业遗产实物不够，就用大量图片、文献或艺术作品或多媒体技术等作辅助展示。未来发展目标应该是逐步转型为以工业遗产保护为基础，偏重于娱乐性科普教育型的博物馆。

（三）融入文化产业的可持续发展潜能

博物馆作为文化遗产的保护机构，由政府财政拨款维持其生存（民办博物馆除外），这是国际遗产界的共识。博物馆事业作为社会的公益性事业，社会效益至上，不以营利为目的，这也是国际博物馆界的共识。但是博物馆作为公共文化机构，其服务对象是人，也具有一般服务业的特性，因而博物馆的某些服务项目可以获得一定的经济收益。在市场经济体制下，由政府公共财政维持的公共文化机构并不把社会效益与经济效益对立起来，而是寻求一种社会效益与经济效益双赢的途径。换言之，如果博物馆在可获得社会效益的同时也可获得一定的经济效益，但是将可得到的经济效益放弃，这是不可取的。

前些年，国内博物馆界曾展开"关于博物馆属于文化事业还是属于文化产业"的讨论，讨论的结果具有积极的意义。不仅明确了"博物馆属于文化事业"，还梳理了博物馆与文化产业的关系，认识到就博物馆整体来说是不能作为文化产业来营利的，但博物馆中的某些部门或部分（主要是指博物馆的延伸服务）是可以营利的。发达国家博物馆在这方面已有多年的实践，并积累了丰富的成功经验。国内也有些博物馆在国家大力发展文化产业的战略目标下，已经涉足文化产业，利用博物馆特有的资源，开发文化产品，服务社会，满足人们的文化消费需求。但总体上看，国内博物馆涉足文化产业的步子还迈得不够大，仅仅拘泥于旅游纪念品开发之类，比较保守，创新意识不强，视野不够开阔，因而文化产品的经济效益并不能令人满意。

改革开放以来，我国的经济有了快速的发展，国民经济总产值每年以一定的速度增长。最近几年，虽然国家进行经济结构调整和产业转型，但国民经济生产总值每年仍保持在7%左右的增长速度。国家良好的经济增长状况使文化建设有了强大的经济支撑，为博物馆事业发展提供了充足的财政经费。但是从长远看，国家经济的发展是不平衡的，总有上下起伏，有快速增长，也有缓慢增长，甚至还会有负增长。虽然我国的经济总趋势是一直向前发展，但遇到经济增速放缓的时候，必然会影响到政府财政对于文化事业的拨款数额，影响到政府对博物馆发展的经济支持力度。20世纪70年代，西方发达国家普遍遇到经济不景气，迫使各国政府纷纷削减了国家财政对于博物馆等文化机构的拨款数额，把博物馆推向了市场。许多博物馆不得不向市场要效益，通过用市场方法获得的经济营利来补贴博物馆经费的不足，以维持博物馆的生存与发展。现在，通过开发各种社会服务，在获得社会效益的同时也获得一定的经济效益，这已成为西方发达国家许多博物馆的一种常态，也成为博物馆可持续发展的一项基本战略。尽管我国目前的经济发展还是在稳步向前，但是制定发展战略，一定要有长远的眼光。尤其是工业遗产博物馆，其所属的企业经营发展状况对博物馆经费有更直接的影响。因此，博物馆自我"造血机制"的培育，对工业遗产博物馆的可持续发展有重大的意义。博物馆获得经济效益的来源可以是多元的，但从许多国家博物馆的成功经验来看，最主要的经济收益还是集中在与旅游业结合以及与文化创意产业结合这两个方面。所以工业遗产博物馆可持续发展战略的重心也应该在这里。

1. 加强与旅游业合作的战略。博物馆与旅游业有着天然的联系，博物馆是旅游业的重要人文景观，旅游者也是博物馆的重要观众，两者相辅相成，缺一不可。许多发达国家早已把旅游业作为本国经济的支柱产业。大力发展旅游业，必然也要发展博物馆业。20 世纪七八十年代以来，发达国家中工业遗产博物馆的大量出现，不仅仅在于工业遗产保护，还在于发展旅游业的需要。工业遗产博物馆的建设具有遗产保护与经济发展的双重意义。发达国家开展的“工业旅游”“工业遗产旅游之路”等项目，不仅丰富了旅游内容，增长了旅游服务业的经济收益，同时也为工业遗产博物馆带来了大量的观众，扩大了博物馆的社会效益，增加了博物馆的经济收益。工业遗产博物馆通过开展“工业遗产旅游”项目，获得相对稳定的经济来源，产生“自我造血”的能力，从而形成良性循环。因此，博物馆与旅游业合作是必然之路。尽管发达国家中有不少学者对开展“工业遗产旅游”也存在不同的看法，或褒之，或贬之，但就目前来看，在没有找到更好的方法可以取代之前，我们无法否认“工业遗产旅游”是工业遗产博物馆的主要观众来源这一事实。欧洲的“工业遗产旅游之路”每年为工业遗产博物馆带来无数的观众，仅英国铁桥峡博物馆就达到年均50万的旅游观众，而德国鲁尔区的“工业遗产旅游之路”的旅游观众数量更多。

我国目前尚未开辟“工业遗产旅游之路”活动项目，加之宣传广告等工作做得不够，一些大型露天遗址型工业遗产博物馆在社会上无知名度，还处在“养在深闺人不知”状态，团体或个体的观众人数都很少。博物馆热切寄希望于旅游观众成为参观的主力军。我们在调研中发现，目前我国一些大型露天工业遗址博物馆的旅游观众数量不多的另一个重要原因在于旅行社导游不带游客来。由于我国旅游市场的管理措施不力，一些导游成为决定某些景观（包括博物馆）观众数量多寡的关键人物。导游要求博物馆给回扣，但博物馆本身经费的数量并不充裕，作为非营利机构的要靠政府或其所属企业拨给，导游的漫天要价，使博物馆无力承受。由于未能满足一些导游的非分要求，导游便把旅游者带往其他旅游景点，而不前往博物馆。这种不正常的现象严重阻碍了旅游观众参观博物馆。只有加强旅游市场的监管，对不良导游的非分要求予以严厉打击，使旅游市场健康发展，工业遗产博物馆的旅游观众才可能大量增加。目前我国政府的相关管理部门对导游索要回扣等问题已经高度重视，正在积极整顿旅游市场。2013 年4月由十二届全国人大常委会第二次会议通过的《中华人民共和国旅游法》于同年10月1日起开始实行。我们期盼着《旅游法》的实施将终结旅行社“零负团费”的时代，使导游随意摆布旅游景点的现象得到遏制，进而使整个中国旅游市场发生深刻的变化，推动旅游市场的消费升级和服务升级，从而也引导包括工业遗产博物馆在内的旅游景区增加和开拓高附加值的服务项目，提升服务质量。我们相信《旅游法》的实施将不仅使旅游业受益，同时也将使工业遗产博物馆获得更多的旅游观众。

对工业遗产博物馆而言，除了有一个健康的外部环境之外，博物馆本身也要积极努力，练好“内功”，探索博物馆的市场规律。要借鉴企业的营销理念，积极开展公关活动，加强利用媒体进行广告宣传，传播工业遗产保护理念，参与到旅游活动的各个环节（特别是“游、购、娱”环节）中去。并主动与旅游企业合作，推销博物馆各项精彩的活动，参与对导游的培训，把更多公众吸引到博物馆中来，从而达到博物馆服务社会并扩大社会影响力的目的。

2. 大力开发工业遗产博物馆特色的文化产品。博物馆的可持续发展需要有一定的运行经费支撑。工业遗产博物馆较多由企业开办，运行经费主要由所属企业提供。企业拨给博物馆的经费多寡往往与企业经营的景气度——经济效益高低有关。因此，工业遗产博物馆要能够可持续发展，不应完全依靠企业拨款，应该积极主动开辟“财源”，在政策法规允许的范围内，培育“自我造血”机制，增加可持续发展的潜力。国内一些著名的博物馆在国家大力发展文化产业的战略目标下，已经涉足文化产业，如北京故宫博物院、上海博物馆、南京博物院、河南博物院、浙江省博物馆、湖南省博物馆等著名博物馆都在“文创”产业方面取得了一定的成果，利用博物馆特有的资源，开发文化产品，服务社会，满足人们的文化消费需求，受到社会各界的赞许。但总体上看，国内博物馆涉足文化产业的步子还迈得不够大，绝大多数的馆都尚未开发博物馆的文化产品，即使有，品种也是十分简单，仅仅拘泥于旅游纪念品开发之类，比较保守，创新意识不强，视野不够开阔，因而文化产品的经济效益并不能令人满意。

工业遗产博物馆的文化创意产业领域是一块尚未开发的处女地，具有很大的发展空间。只要博物馆意识到这一点，积极主动地利用馆藏特色，结合社会需求，就可能取得一些成果。发达国家工业遗产博物馆有不少这方面的成功经验。尤其是一些纺织类或印刷（印染）类的博物馆，都有让观众参与互动的项目，观众在参观过程中可以用旧工业设备（展品）自己动手设计和制作产品，制成品最后以纪念品的方式为观众所购买，具有特殊的纪念意义。这种活动项目很受观众的欢迎。

现在国内工业遗产博物馆也有类似的活动，如上海纺织博物馆结合陈列展示内容开展的“扎染”手帕活动，就是一种既有社会效益，又可有经济效益的较好的项目。尽管上海纺织博物馆目前对扎染手帕尚未收费，但是这种活动项目有发展潜力。区区一条手帕价格不高，却是观众自己动手扎染的，很有纪念意义。这一活动既能吸引观众的兴趣，又让观众了解了纺织印染的工艺，寓教于乐，贴近生活，颇受观众的欢迎。

工业遗产博物馆的“文创”产品不同于艺术类博物馆或其他历史事件、历史人物纪念馆类，也不同于自然历史类博物馆，具有自己的行业特色。一般而言，艺术类的纪念品较受观众青睐，因而国内目前“文创”产品开发较成功的也主要是那些古代艺术类博物馆。但这并不说明其他类型博物馆就不行，非艺术类的纪念品就没有市场。博物馆观众不同的年龄段、不同的职业、不同的生活经历以及不同的文化兴趣与追求，对博物馆文化产品有不同的“口味”。工业遗产博物馆的“文创”产品开发只要充分发挥行业特色，紧密结合现实，贴近市民的生活，一定能够创造出市民喜闻乐见的、具有较大市场销售量的品牌。

参考文献

[1] 阿尔弗雷德・韦伯. 工业区位论[M]. 李刚剑, 译. 北京: 商务印书馆, 2011.

[2] 柴彦威. 城市空间[M]. 北京: 科学出版社, 2000.

[3] 戴维・哈维. 后现代的状况——对文化变迁之缘起的探究[M]. 阎嘉, 译. 北京: 商务印书馆, 2003.

[4] 董鉴泓. 中国城市建设史[M]. 北京: 中国建筑工业出版社, 2004.

[5] 罗易德, 伯拉德. 开放空间设计[M]. 罗娟, 雷波, 译. 北京: 中国电力出版社, 2006.

[6] 维勒格. 德国景观设计[M]. 苏柳梅, 邓哲, 译. 沈阳: 辽宁科学技术出版社, 2001.

[7] 傅伯杰. 景观生态学原理及应用[M]. 北京: 科学出版社, 2001.

[8] 亚历山大・佐尼斯. 机器与隐喻的诗学[M]. 金秋野, 王又佳, 译. 北京: 中国建筑工业出版社, 2004.

[9] 车伍, 赵杨, 李俊奇. 城市消极空间的生态化景观改造——雨洪控制利用[J]. 景观设计学, 2012,(4).

[10] 崔振红. 矿山酸性废水治理的研究现状及发展趋势[J]. 现代矿业, 2009,(10).

[11] 高锦卿. 土壤重金属污染及防治措施[J]. 现代农业科技, 2013,(1).

[12] 侯风武, 张立昆, 苏英亮, 等. 国内工业遗产更新改造理念再析[J]. 工业建筑, 2010,(6).

[13] 刘伯英. 中国近现代工业建设和工业遗产——殖民和后殖民的再思考[A]. 中国第三届工业建筑遗产学术研讨会论文集[M]. 北京: 清华大学出版社, 2012.

[14] 刘伯英, 杨伯寅. 重庆工业博物馆概念规划和建筑设计策略探讨[A]. 2012年中国第三届工业建筑遗产学术研讨会论文集[M]. 北京: 清华大学出版社, 2013.

[15] 路易斯・劳瑞斯, 陈美兰, 狄帆. 建立后工业最观改造的方法论[J]. 风景园林, 2013,(1).

[16] 刘松茯, 陈思. 中东铁路的兴建与线路遗产研究[A]. 2014年中国第五届工业遗产学术探讨会论文集[M]. 北京, 清华大学出版社, 2014.

[17] 李莉. 我国工业遗产的立法保护研究[J]. 兰州教有学院学报, 2010,(6).

[18] 刘金林. 近代“大冶奇迹”与黄石工业遗产片区[A]. 2012年中国第三届工业遗产学术研会论文集[M]. 北京: 清华大学出版社, 2013.

[19] 吕建昌, 邱捷. 上海世博会与工业遗产博物馆[J]. 东南文化, 2010,(1).
[20] 任斌. 矿山废弃地景观修复与设计研究[D]. 济南: 山东大学, 2014.
[21] 孙俊桥, 孙超. 工业建筑遗产保护与城市文脉传承[J]. 重庆大学学报: 社会科学版, 2013,(3).
[22] 杨震宇. 老工业区城市公共空间的景观更新设计——以哈尔滨哈西地区中兴休闲廊道为例[J]. 装饰, 2014,(5).
[23] 杨震宇. 民族工业遗产的传承与创新——以南通油脂厂景观设计为例[J]. 中国园林, 2014,(5).
[24] 杨震宇. 工业遗址改造中的景观设计研究[D]. 北京: 北京林业大学, 2015.
[25] 杨春霞. 工业遗产的文化与经济价值开发研究[J]. 科协论坛(下半月), 2013,(3).
[26] 赵要伟, 胡志忠, 刘学. 长春市近现代工业遗产保护和利用研究[A]. 2012年中国第三届工业建筑遗产学术研讨会论文集[M]. 北京: 清华大学出版社, 2013.
[27] 张弦. 现代性与传统——谈南京晨光 1865 创意产业园[A]. 2012年中国第三届工业建筑遗产学术研讨会论文集[M]. 北京: 清华大学出版社, 2013.
[28] 麦克哈格. 设计结合自然[M]. 芮经纬, 译. 北京: 中国建筑工业出版社, 1992.
[29] 瓦尔德海姆. 景观都市主义[M]. 刘海龙, 刘东云, 孙璐, 译. 北京: 中国建筑工业出版社, 2011.
[30] 王向荣, 林管著. 西方现代景观设计的理论与实践[M]. 北京: 中国建筑工业出版社, 2002.
[31] 徐建生. 民族工业发展史话[M]. 北京: 社会科学文献出版社, 2011.
[32] 王建国. 后工业时代产业建筑遗产保护更新[M]. 北京: 中国建筑工业出版社, 2008.
[33] 吴存东, 吴琼. 文化创意产业概论[M]. 北京: 中国经济出版社, 2010.
[34] 周曦, 李湛东. 生态设计新论[M]. 南京: 东南大学出版社, 2003.
[35] 张松. 城市文化遗产保护国际宪章与国内法规选编[M]. 上海: 同济大学出版社, 2007.
[36] 张京祥. 西方城市规划思想史纲[M]. 南京: 东南大学出版社, 2005,
[37] 庄简狄. 旧工业建筑再利用若干问题研究[M]. 北京: 清华大学出版社, 2004.
[38] 勒・柯布西耶. 走向新建筑[M]. 陈志华, 译. 西安: 陕西师范大学出版社, 2004.
[39] 刘会远, 李蕾蕾. 德国工业旅游与工业遗产保护[M]. 北京: 商务印书馆, 2007.
[40] 刘伯英, 冯钟平. 城市工业用地更新与工业遗产保护[M]. 北京: 中国建筑工业出版社, 2009.
[41] 刘滨谊. 风景景观工程体系化[M]. 北京: 中国建筑工业出版社, 1990.

[42] 吕学武,范周.文化创意产业前沿[M].北京:中国传媒大学出版社,2007.
[43] 凯文·林奇.城市意象[M].方益萍,何晓军,译.北京:华夏出版社,2001.
[44] [日]水越伸,数字媒介社会[M].冉华,于小川,译.武汉:武汉大学出版社,2009.
[45] [法]让·波德里亚,消费社会[M].刘成富,全志钢,译.南京:南京大学出版社,2001.
[46] [美]苏特·杰哈利.广告符码[M].马姗姗,译.北京:中国人民大学出版社,2004.
[47] [美]约翰·菲斯克,解读大众文化[M].杨全强,译.南京:南京大学出版社,2001.
[48] [英]格雷姆·伯顿.媒介与社会:批判的视角[M].史安斌,等译.北京:清华大学出版社,2007.
[49] [德]于尔根·亚当斯,等.工业建筑设计手册[M].苏艳娇,译.大连:大连理工学院出版社,2006.
[50] 陆军.城市老工业区转型与再开发:理论、经验与实践[M].北京:社会科学文献出版社,2011.
[51] 吴志强.城市规划原理(第四版)[M].北京:中国建筑工业出版社,2010.
[52] 冬生.大城市老工业区工业用地的调整与更新:上海市杨浦区改造实例[M].上海:同济大学出版社,2005.
[53] 王建国.后工业时代产业建筑遗产保护更新[M].北京:中国建筑工业出版社,2008.
[54] 田燕.文化线路视野下的汉冶萍工业遗产研究[D].武汉理工大学,2009.
[55] 朱强.京杭大运河江南段工业遗产廊道构建[D].北京大学,2007.
[56] 俞孔坚.关于中国工业遗产保护的建议[J].景观设计,2006(4).
[57] 俞孔坚,方琬丽.中国工业遗产初探[J].建筑学报,2006(8).
[58] 俞孔坚,刘向军,张蕾,等.中国工业遗产保护与利用实践[J].景观设计,2006(4).
[59] 李伟,俞孔坚,李迪华.遗产廊道与大运河整体保护的理论框架[J].城市问题,2004(1).
[60] 王建国,蒋楠.后工业时代中国产业类历史建筑遗产保护性再利用[J].建筑学报,2006(8).
[61] 刘抚英,邹涛,栗德祥.德国鲁尔区工业遗产保护与再利用对策考察研究[J].世界建筑,2007(7).
[62] 叶瀛舟,厉双燕.国内外工业遗产保护与再利用经验及其借鉴[J].上海城市规划,2007(3).
[63] 张毅杉,夏健.塑造再生的城市细胞—城市工业遗产的保护与再利用研究[J].城市规划,2008(2).
[64] 李建华,王嘉.无锡工业遗产保护与再利用探索[J].城市规划,2007,31(7).
[65] 安娟,卜德清.我国城市工业遗产的保护及再利用研究——从三个实例看工业遗产在我国的再利用[J].江苏建筑,2010(2).
[66] 王志芳,孙鹏.遗产廊道——一种较新的遗产保护方法[J].中国园林,2001(5).

[67] 邢怀滨, 冉鸿燕, 张德军. 工业遗产的价值与保护初探[J]. 东北大学学报: 社会科学版, 2007, 9 (1).

[68] 单霁翔. 关注新型文化遗产——工业遗产的保护[J]. 中国文化遗产, 2006 (4).

[69] 刘会远, 李蕾蕾. 浅析德国工业遗产保护和工业旅游开发的人文内涵[J]. 世界地理研究, 2008, 17 (1).

[70] 李蕾蕾. 逆工业化与工业遗产旅游开发: 德国鲁尔区的实践过程与开发模式[J]. 世界地理研究, 2002, 11 (3).

[71] 王建国等. 后工业时代产业建筑遗产保护更新[M]. 北京: 中国建筑工业出版社, 2008.

[72] 阮仪三, 林林. 文化遗产保护的原真性原则[J]. 同济大学学报: 社会科学版, 2003, 14 (2).

[73] 巫宁. 从工业旅游到工业遗产旅游[N]. 中国旅游报, 2006 (3).

[74] 吴东才. 黄崖洞兵工厂风云[J]. 国防科技工业, 2005 (5).

[75] 吴建新. 汉冶萍: 百年沧桑, 百年荣辱[J]. 湖北旅游, 2012 (4).

[76] 吴自林. 论萍乡煤矿在汉冶萍公司中的地位 (1890—1928) [D]. 南昌: 南昌大学, 2007.

[77] 俞孔坚. 高科技园区景观设计——从硅谷到中关村[M]. 北京: 中国建筑工业出版社, 2001.

[78] 黄磊, 彭义, 魏春雨. "体验"视角下都市工业遗产建筑的环境意向重构[J]. 建筑学报, 2013 (12).

[79] Carol Berens. Redeveloping Industrial sites : A Guide for Architects. Planners, and Developers. John Wiley & Sons, Inc, 2011.

[80] Dale Medearis, Considerations concerning the transfer of urban environmental and planning policies from Germany to the United States. [D]. Vrginia Polytechnice institute and state university. 2007.

[81] Donnison, Middleton, Regenerating the Inner City — Glassgow's Experience. Routledge, London, 2009.

[82] Gert Jan Hospers. Industrial Heritage Tourism and Regional Restructuring in the European Union. Routledge. Part of the Taylor & Francis Group, 2002.